Eineinhalb Kilo wiegt unser Hirn. In ihm wird alles gesteuert, was uns zum fühlenden, denkenden und handelnden Wesen macht. Jede unserer Bewegungen wird vom Gehirn gelernt und gesteuert. Jeder Gedanke wird im Gehirn freigesetzt. Ob wir Sprachen lernen, komplizierte Formeln berechnen oder Hochhäuser konstruieren – nichts geht ohne die Nervenzellen in unserem Gehirn. Sogar unser Glücksempfinden ist – ob wir es wollen oder nicht – eine Steuerung des Hirns. Nikolaus Nützel und Jürgen Andrich erzählen von den Stationen, die das Gehirn im Lauf unseres Lebens durchläuft, von seiner Entstehung über die große Verwandlung während der Pubertät bis zu seinem Verfall. Sie erklären, wie unser Gedächtnis funktioniert und wie wir uns verlieben, welchen Einfluss Drogen haben können und welche unvorstellbaren Ereignisse etwa beim epileptischen Anfall ablaufen. Leicht verständlich und auf dem neuesten Stand der Forschung erzählt dieses Buch von den atemberaubenden Vorgängen in unserem Kopf.

Nikolaus Nützel, geboren 1967, lebt als freier Journalist in München und arbeitet u. a. für den Bayerischen Rundfunk. Er hat verschiedene Sachbücher sowohl für Erwachsene als auch für Jugendliche veröffentlicht, zuletzt *Sprache oder Was den Mensch zum Menschen macht* (2007).

Jürgen Andrich, geboren 1964, arbeitet als Chefarzt an einer neurologischen Abteilung in Feldberg in Mecklenburg-Vorpommern. Er hat bisher in wissenschaftlichen und populärwissenschaftlichen Zeitschriften veröffentlicht.

Nikolaus Nützel &
Jürgen Andrich

# DAS UNIVERSUM
# IM KOPF

➜ Wie unser Gehirn funktioniert

bloomsbury

September 2010 | © 2008 Berlin Verlag GmbH, Berlin | Bloomsbury Kin-
derbücher & Jugendbücher | Alle Rechte vorbehalten | Umschlaggestal-
tung: Rothfos & Gabler, Hamburg, unter Verwendung einer Fotografie
von © Corbis | Lektorat: Uwe-Michael Gutzschhahn | Satz: psb, Berlin |
Druck und Bindung: Clays Ltd, St Ives Plc | Printed in Great Britain |
ISBN 978-3-8333-5057-3 | www.berlinverlage.de

Unseren Frauen und unseren Kindern

# INHALT

# GEBRAUCHSANLEITUNG FÜR DIESES BUCH

Dieses Buch ist kein Lehrbuch. Es ist eine Einladung. Die Einladung, einen Blick in die Köpfe einiger junger und nicht ganz so junger Leute zu werfen und dabei zu erfahren, was dort passiert.

Dieses Buch setzt sich also das Ziel, einen Blick in die Gehirne von Menschen zu vermitteln, die wir Jakob genannt haben, Carsten oder Katja. Es soll den Lesern und Leserinnen auf diese Weise einen kleinen Einblick in die Hirne *aller* Menschen geben – also auch in den jeweils eigenen Kopf.

Wir haben versucht, die überaus komplizierte Materie, mit der man sich beschäftigen muss, wenn man in den eigenen Kopf schauen möchte, so zu vereinfachen, dass das Hirn des Lesers nicht zu brodeln beginnt.

Denn es geht uns nicht darum, Vorbereitungsmaterial für eine Facharztprüfung in Neurologie zu liefern. Wir wollen vielmehr einen Spaltbreit die Tür öffnen zu dem Teil des menschlichen Körpers, in dem die Intelligenz wohl ebenso ihren Sitz hat wie Liebe, Hass, Glück oder

Mitleid. Wir wollen einen Einblick geben in den Teil des menschlichen Körpers, in dem man das Bewusstsein suchen kann – wie auch (wenn man diesen Begriff mag) die Seele.

Wozu ein solcher Einblick gut sein soll?

Vielleicht kann er helfen, sich selbst besser zu verstehen oder andere besser zu verstehen. Wir haben also nicht nur die Dreistigkeit, das komplizierteste Stück Materie des uns bekannten Universums erklären zu wollen. Wir möchten auch noch ein paar Tipps zu den ultimativen Fragen des Lebens geben: Wer bin ich? Warum bin ich wie ich bin? Welchen Sinn hat das alles? Und warum hat sich Katja letzten Samstag auf der Party betrunken und dann auch noch mit diesem bescheuerten Typen rumgeknutscht?

Es könnte natürlich sein, dass mancher Leser aus den folgenden Seiten die Antwort auf diese Fragen doch nicht zu hundert Prozent entnehmen kann. Aber in diesem Fall ist der Einblick ins Gehirn, den wir liefern wollen, hoffentlich zumindest ein wenig unterhaltsam. Denn das ist eine der erstaunlichsten Eigenschaften des menschlichen Gehirns: Es beschäftigt sich unglaublich gern mit sich selbst.

Doch damit dürfte das Vorwort lang genug sein. Eine der typischen Eigenschaften des menschlichen Gehirns ist auch, dass es stets nach Neuem sucht. Wir hoffen, dass sich eine solche Suche in diesem Buch lohnt!

*Nikolaus Nützel & Jürgen Andrich*
München/Bochum im Januar 2008

# 1

# KOPFWUNDER – WUNDERKÖPFE

## Wie rätselhafte Genies noch rätselhaftere Extremleistungen vollbringen

Jakob ist aufgeregt. Er hat irgendwie ein schlechtes Gewissen, seinen Großonkel zu besuchen. Denn es geht ihm ja eigentlich nicht um Onkel Martin. Es geht ihm darum, von ihm einen Hinweis zu bekommen, wie Martin das macht: sich diese aberwitzigen Mengen von Daten zu merken, diese unglaublichen Rechenoperationen im Kopf auszuführen. Eine »Inselbegabung« sei sein 85-jähriger Großonkel, heißt es bei Jakob zu Hause immer. Denn er kann zu jedem Datum der vergangenen achtzig Jahre ohne Mühe den Wochentag nennen. Er weiß sofort, dass der 7. April 1947 ein Montag war, der Ostermontag, um genau zu sein. Und er weiß ohne merkliches Nachdenken, dass auch Heiligabend im Jahr 1928 auf einen Montag fiel.

Martin kann zu jedem Haus im Zentrum der Stadt, in der er wohnt, sagen, wer in welchem Stockwerk lebt und wer dort vor zwanzig, dreißig oder vierzig Jahren gelebt hat. Ein solches Genie im sogenannten Kalenderrechnen, das sich so viel merken kann, muss doch irgendeinen Tipp für die Abiturprüfung in Mathe auf Lager haben. Jakob hat sich allerdings getäuscht.

Sein Großonkel ist wie bei jedem Besuch. Wie immer lächelt er nett, wenn Jakob ins Zimmer kommt. Die Besuche bei Martin laufen stets gleich ab. Gleich langweilig, wie Jakob zuletzt fand: Man betritt Martins Zimmer im Pflegeheim, um ihn zu einem Spaziergang abzuholen. Der Großonkel lächelt, zieht seinen Mantel an und wischt beim Hinausgehen mit den Fingern kurz über eine Stelle der Wand neben der Tür. Die Tapete ist von dem dauernden Wischen schon ganz durchgerieben – 30- oder 40-mal am Tag reibt Martin dort entlang. Eine »Zwangshandlung« sei das, hat Jakobs Vater einmal erklärt. Beim Spazierengehen ist es nicht möglich, mit dem Großonkel ein normales Gespräch zu führen. Meist antwortet der alte Mann nicht auf Fragen, sondern schaut nur mit leerem Blick in die Ferne.

Wann immer man an einer Haustür vorbeikommt, beugt er sich schnell vor, um auf die Klingelschilder zu schauen. Ab und zu sagt er dann zum Beispiel: »Da wohnen Neue im zweiten Stock, Pagliacci, komischer Name, früher hat da Schmidt gewohnt, ganz normal Schmidt. Und davor Lüders. Sind aber 1982 ausgezogen.«

Viel anders ist es auch dieses Mal nicht. Jakob bekommt keinen Zugang zum Kopf seines Großonkels. Er staunt zwar wieder, wie Martin es schafft, zu wissen, dass in der Bahnhofstraße 12 im dritten Stock die Familie Vogel wohnt, während in der Mühlengasse 25 im Erdgeschoss jetzt offenbar zwei Leute mit verschiedenen Namen eingezogen sind: Hauser und Bley. Und Jakob ist verblüfft, wenn Martin ihm sagt, dass der 18. April des Jahres 2057, an dem Jakob wahrscheinlich mit 67 in Rente geht, ein Mittwoch sein wird. Aber wie er das macht, darüber kann sein Großonkel nicht reden. Genauso wie er nicht in der Lage ist, sich seine Schnürsenkel zu binden. Auch selbst einkaufen zu gehen oder sich ein Essen zuzubereiten, hat Martins geistige Fähigkeiten stets überstiegen.

## Rätselhafte Geistesriesen

»Savants« – so werden Menschen genannt, die mit ihrem Hirn Leistungen vollbringen, die anderen völlig unmöglich sind. Das französische Wort heißt so viel wie »die Wissenden«. Früher sprach man von »Idiots Savants«. Denn viele dieser Menschen haben in bestimmter Hinsicht schier unfassbare geistige Fähigkeiten, sind aber ansonsten kaum in der Lage, mit ihrer Umwelt zurechtzukommen. Mitunter müssen sie als geistig schwerbehindert gelten, auch wenn einige ihrer Fähigkeiten geradezu übermenschlich sind. Als Psychiater noch den Namen »Irrenärzte« trugen, hießen die Savants eben nicht »Wissende«, sondern »Wissende Idioten«.

In früheren Jahrzehnten wurden die sogenannten Inselbegabungen der Savants von Ärzten oft mit einem Schulterzucken als Kuriosität hingenommen. In letzter Zeit interessieren sich Hirnforscher aber ganz besonders für Savants. Denn die Neurowissenschaftler hoffen, dass die Gehirne der »Wissenden« etwas darüber verraten können, was in den Köpfen *aller* Menschen abläuft.

Kim Peek hat zwar ein erstaunliches Erinnerungsvermögen,
mit Alltagstätigkeiten jedoch tut er sich schwer – in der Garagen-
auffahrt den Wagen seines Vaters zu steuern ist für ihn eine
Höchstleistung.

Zum Beispiel Kim Peek: Die Ärzte diagnostizieren,
als der Amerikaner 1951 auf die Welt kommt, eine Hirn-
schädigung. Alltägliche Fähigkeiten, wie Laufen zu erlernen, fallen ihm zunächst schwer. Doch schon im Alter
von 16 Monaten habe er begonnen, sich für das zu interessieren, was in Büchern steht, berichtet sein Vater. Über
die Jahrzehnte hinweg hat Kim Peek Daten aus rund
12 000 Sachbüchern auswendig gelernt. Sein Faktenwissen
ist schier unerschöpflich. Er kann mühelos nacheinander
aufzählen, wie die Vorgänger der englischen Königin Eli-
zabeth II. hießen, welche Pferde dreimal das Kentucky-
Derby gewonnen haben, wie lang der Amazonas-Fluss ist,
von wann bis wann Alexander der Große lebte und wann
die erste Beatles-Platte in die amerikanischen Billboard-
Charts kam. Doch einen kurzen Aufsatz zu schreiben,

in dem er wichtige Gemeinsamkeiten der Märchenfiguren Schneewittchen und Aschenputtel erläutern sollte (Halbwaisen mit böser Stiefmutter, beide Mädchen heiraten am Schluss einen Prinzen), würde Kim Peek wohl überfordern. Ebenso wie ihn der Alltag überfordert, den andere Männer seines Alters zu bewältigen haben. Sein Vater kümmert sich um alles.

Zum Beispiel Leslie Lemke: Als er 1952 geboren wird, haben die Ärzte nicht viel Hoffnung, dass er lange lebt. Sein Gehirn ist von Geburt an geschädigt. Noch als er ein Baby ist, werden ihm die Augen operativ entfernt. Laufen und Sprechen lernt er viel später als andere Kinder. Er wächst bei Pflegeeltern auf, die ihm nahebringen, sich mit Musikinstrumenten zu beschäftigen. Weil der Amerikaner blind ist, kann er allerdings keine Noten lesen, also auch keinen Musikunterricht im üblichen Sinn erhalten. Doch als er 14 Jahre alt ist, überrascht er seine Pflegeeltern damit, dass er die ersten Teile des Klavierkonzerts Nr. 1 des russischen Komponisten Peter Tschaikowsky auswendig spielen kann – weil er diese Musik im Fernsehen gehört hat. Seitdem speichert er immer neue Musikstücke in seinem Kopf ab und spielt sie am Klavier nach.

Zum Beispiel Stephen Wiltshire: Der 1974 geborene Brite ist auf eine Schule für Lernbehinderte gegangen, erst im Alter von fünf Jahren lernte er zu laufen. Sprechen und der Kontakt zu anderen Menschen fielen ihm als Kind sehr schwer, bei ihm wurde das Krankheitsbild Autismus diagnostiziert. Aber wenn Stephen Wiltshire Stift und Papier in die Hand nimmt, leistet er ganz Erstaunliches: Egal ob Rom oder Frankfurt am Main – nach einem 45-minütigen Hubschrauber-Rundflug über einer Stadt kann er ein Pano-

28. 3. 06

Der Savant Stephen Wiltshire muss nur wenige Minuten
das Panorama einer Stadt ansehen – und kann sie hinterher
komplett aus dem Gedächtnis malen, wie hier einen Teil
von New York City.

rama malen, auf dem jedes einzelne Gebäude nahezu perfekt platziert ist. Alles, was er dazu braucht, ist eine vier
bis fünf Meter breite Papierfläche, ein Stift – und sein Gedächtnis.

Zum Beispiel Daniel Tammet: Der 1979 geborene Engländer kann über 20 000 Stellen der Zahl Pi nach dem
Komma aufsagen. Bei einem Wettbewerb stoppte er, nachdem er in fünf Stunden insgesamt 22 514 Stellen der Zahl
heruntergebetet hatte, von der andere Menschen gerade
mal wissen, dass sie mit 3,14 anfängt. Tammet ist in alltäg-
lichen Fragen nicht so eingeschränkt wie Kim Peek oder
Leslie Lemke. Er kann davon sprechen, was in seinem Kopf
vorgeht, er hat sogar schon ein Buch darüber geschrieben.
Er sehe Zahlen wie Landschaften vor seinem inneren Auge,

mit verschiedenen Farben und Formen, erzählt Tammet. Allerdings hat auch er mit Dingen Probleme, die für andere Menschen keine Herausforderung darstellen: Links und rechts zu unterscheiden fällt ihm nicht leicht.

Zum Beispiel Rüdiger Gamm: Der 1971 geborene Schwabe hat im Gegensatz zu anderen Inselbegabten keine großen Probleme, sich im Alltag zurechtzufinden. In der Schule tat er sich zwar schwer, insbesondere in Mathematik – und ist deswegen sogar sitzengeblieben. Aber nachdem er den Mathe-Unterricht an der Schule hinter sich gebracht hatte, stellte er fest, dass er sich Tausende und Hunderttausende von einzelnen Rechenschritten merken kann, die er wiederum einsetzt, um im Kopf atemberaubende Kalkulationen vorzunehmen. Wenn er 62 durch 167 teilen soll, kommt von ihm fehlerlos die Antwort, und zwar auf weit über hundert Stellen hinter dem Komma: 0,371 257 485 029 940 119 760 479 041 916 167 664 760 658 682 634 730 538 922 155 688 622 754 491 017 946 071 856 287 425 149 700 598 802 395 209 580 838 323 353 293 413 173 652 694 610 778 443 113 772 455 089 820 359 281.

Bei diversen Fernsehauftritten hat Gamm bewiesen, dass kein Trick hinter seinen Fähigkeiten steckt. Nur dass er in der Lage ist, Zahlen wie auf einen Schirm vor sein inneres Auge zu rufen, wo er dann mit ihnen rechnet. Anschließend liest er das Ergebnis sozusagen vor.

## Aufbruch in ein neues Zeitalter der Forschung

Jakob hat die Namen dieser Savants nie gehört oder gelesen, als er seinen Großonkel im Pflegeheim besucht. Er würde zwar gern Martin in den Kopf schauen können, doch er weiß nichts davon, wie Neurowissenschaftler die Rätsel der »Wissenden« zu entschlüsseln versuchen – und damit das Rätsel, das die Hirne aller Menschen vereint: Wie kann eine knapp eineinhalb Kilogramm schwere Ansammlung von Zellen mathematische Höchstleistungen zustande bringen? Aber auch: Wie können die Hirne von Ingenieuren Flüge in den Weltraum organisieren? Wie können Drehbuchautoren Kinofilme erdenken, die Millionen Menschen zum Lachen oder auch zum Weinen bringen?

Durch die Savants lernen die Forscher immer wieder Neues über die Funktionsweise des Gehirns. Sie stellen etwa fest, dass das Gedächtnis in mancherlei Hinsicht tatsächlich Ähnlichkeiten mit der Festplatte eines Computers hat – aber insgesamt doch völlig anders arbeitet als eine komplizierte Maschine. Ein gesundes Hirn sortiert, filtert, bewertet, verknüpft trockene Sachinformationen mit Emotionen und Bedeutungen, stellt Zusammenhänge her – genau diese Funktionen sind bei vielen Savants eingeschränkt oder ganz abgeschaltet, weshalb sie so erstaunliches Faktenwissen speichern und wieder abspulen können. Die Erkenntnisse, die Wissenschaftler durch die Beobachtung von Savants gewinnen, sind aber nur ein kleiner Bruchteil der neurowissenschaftlichen Forschung in jüngster Zeit.

Inzwischen können Wissenschaftler Köpfe so durchleuchten, dass es ihnen möglich wird, Menschen beim Denken, beim Wollen oder auch beim Sich-Fürchten zu beobachten. Noch ist es ein unklares und verschwommenes Bild, das die Forscher gewinnen. Eines wird den Wissenschaftlern bei all ihren Scans der Gehirne von Savants und auch der Gehirne »normaler« Menschen aber immer klarer. Es mag Leute geben, die mit ihrem Hirn Leistungen vollbringen, die anderen den Atem rauben. Doch eigentlich ist jedes Gehirn jedes einzelnen Menschen ein atemberaubendes Wunderwerk.

# 2

## IN DEN KOPF GESCHAUT

### Wie sich Wissenschaftler Einblicke ins Gehirn verschaffen – und was sie dort entdecken

Es ist dunkel. Es ist eng. Es ist warm, zu warm. Es rattert und knackt um Carsten herum. Wenn er nicht Geld dafür bekäme, hier zu liegen, würde er schreien, dass die Ärzte die Prozedur sofort abbrechen sollen. Doch nun heißt es durchhalten. Er hat sich bereit erklärt, sein Gehirn für Forschungszwecke durchleuchten zu lassen – und jetzt muss er da durch. Als Carsten in den Untersuchungsraum geführt wurde, sah der Apparat gar nicht schlimm aus. Ein Magnetresonanztomograph, auch MRT oder Kernspintomograph genannt, würde ein genaues Bild seines Gehirns liefern, hatte man ihm erklärt. Dann wurde er liegend in ein Loch in der cremeweiß schimmernden Maschine geschoben, die die Größe eines Kleinlasters hat.

Die Ärzte hatten Carsten vorab genau erklärt, was sie mit ihm anstellen würden: Um MRT-Aufnahmen zu erhalten, wird der Teil des Körpers, der untersucht werden

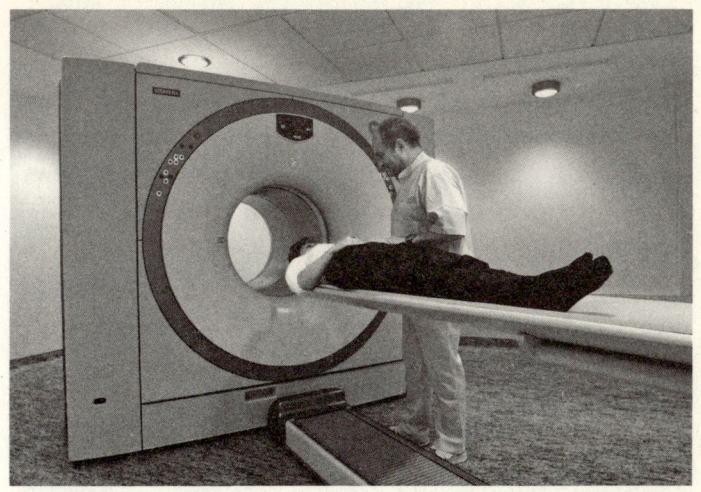

Mit Hilfe von Magnetresonanztomographen können Gehirne heute mit einer Präzision untersucht werden, die vor wenigen Jahren noch undenkbar war.

soll – in diesem Fall der Kopf –, in eine riesige Magnetspule hineingeschoben. Die Spule erzeugt ein extrem starkes Magnetfeld. Es dreht die elektrisch positiv aufgeladenen Wasserstoff-Teilchen (Protonen) in Carstens Gehirn allesamt in die gleiche Richtung. Dann wird das Magnetfeld abgeschaltet, die Protonen »schnalzen« sozusagen wieder zurück in ihre ursprüngliche Position. Dabei geben sie ein Energiesignal ab, das in verschiedenen Gewebesorten unterschiedlich stark ist. Auf diese Weise können die Strukturen des Gehirns in einer Fein-Auflösung sichtbar gemacht werden, die vor wenigen Jahren noch undenkbar war.

Und vor allem hat das MRT *eine* revolutionäre Neuerung gebracht: Forscher können nicht nur die grobe Struktur des Gehirns oder krankhafte Veränderungen erkennen.

Sie können auch Versuchspersonen durchleuchten, während diese bestimmte Bewegungen ausführen oder beispielsweise Fotos betrachten. Ein Vergleich von Aufnahmen, wenn sich eine Versuchsperson *nicht* bewegt (oder *kein* Foto anschaut) mit Aufnahmen während der Bewegung oder des Betrachtens eines Fotos ermöglicht es den Forschern, zu erkennen, was in welchem Teil des Hirns in welchem Moment geschieht. Deshalb wird diese Technik auch als »funktionelles« MRT oder fMRT bezeichnet. Je mehr Bilder verschiedener Versuchspersonen man miteinander vergleicht, desto besser lässt sich feststellen, welche Gehirnregion *bei allen Menschen* bestimmte Aufgaben übernimmt oder durch bestimmte Reize aktiviert wird.

## Schmerzhafte Blicke in den Kopf

Es war ein langer Weg, bis die Forscher solche Hightechapparate einsetzen konnten. Schon seit Jahrtausenden interessieren sich Menschen dafür, was im Kopf vor sich geht. Archäologische Funde beweisen: Bereits in der Jungsteinzeit haben Menschen ihren Mitmenschen den Schädel aufgemeißelt – wahrscheinlich im Glauben, man könne damit Dämonen aus dem Kopf lassen, die einem Kranken den Verstand geraubt hatten. Und die Patienten, zumindest einige davon, haben es überlebt. Die alten Ägypter, die Sumerer oder auch die Inkas übten deshalb die Technik der Schädelöffnung (der Fachbegriff heißt *Trepanation*) immer wieder, sie gehörte dort zeitweise zum Standard der Heilkunst.

Bei diesen Trepanationen ging es darum, Kranke von ihren Leiden zu befreien, indem man die Oberfläche ihres

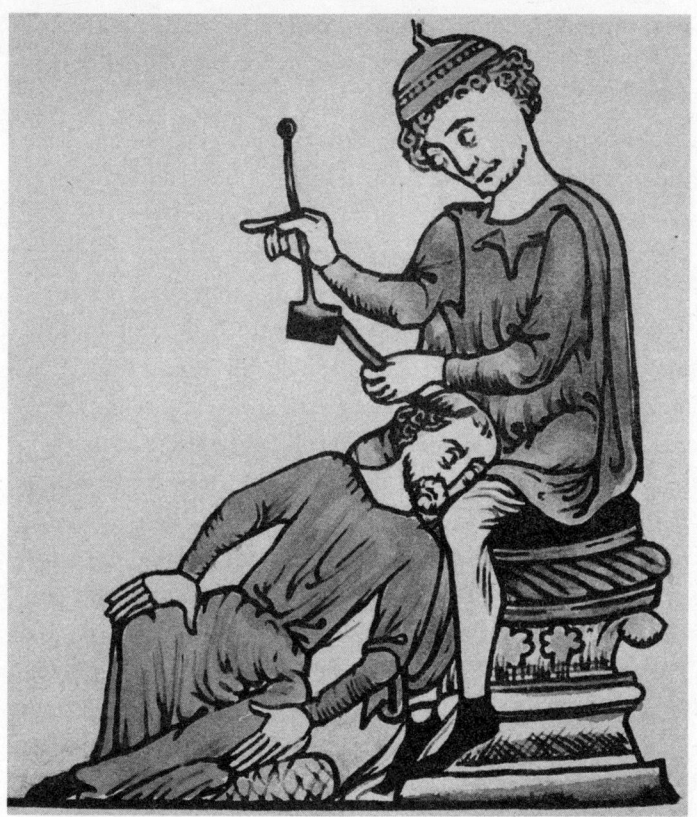

Schon in der Antike und im Mittelalter haben Ärzte Schädel-
öffnungen vorgenommen.

Gehirns freilegte. Gleichzeitig haben sich Menschen schon
seit vielen Jahrhunderten dafür interessiert, wie das Gehirn
aufgebaut ist und wie es funktioniert. Ihre Möglichkeiten
waren allerdings bis vor Kurzem sehr begrenzt. Ein Anatom, der vor 200 oder 300 Jahren das Gehirn eines Toten
zerschnitt, konnte zwar schon damals verschiedene Struk-

turen unterscheiden. Doch wofür ein bestimmter Teil des Gehirns zuständig war, ließ sich nur sehr indirekt herausfinden.

So konnte es sein, dass Wissenschaftler früherer Zeiten mehr oder weniger sehnsüchtig darauf warteten, dass ein Kranker, bei dem der rechte Arm und das rechte Bein gelähmt waren, sterben würde. Denn nach seinem Tod konnten sie sein Gehirn untersuchen. Und wenn sich bei dieser Obduktion zeigte, dass ein bestimmter Teil der linken Gehirnhälfte von einem Tumor befallen war, so konnten die Ärzte daraus einen Schluss ziehen: Aus jener Region wurden die Bewegungen der rechten Körperseite gesteuert.

Die Erkenntnisse, die Forscher auf diese Weise gewannen, waren allerdings sehr lückenhaft. Dennoch hatten manche Wissenschaftler den Mut, umfassende Erklärungen über die Funktionsweise des Gehirns zu präsentieren. Besonders beliebt war eine Zeit lang eine Theorie namens *Phrenologie*. Ihr Begründer, der Arzt Franz Joseph Gall (1758–1828), interessierte sich aber nicht so sehr für die Zusammenhänge zwischen dem Gehirn und beispielsweise der Fähigkeit zu bestimmten Bewegungen. Er ordnete vielmehr Charaktereigenschaften und Gemütsverfassungen bestimmten genau abgegrenzten Regionen des Gehirns zu – und entwarf entsprechende Karten des Schädels. Aus ihnen sollte sich ablesen lassen, wo »Gewissenhaftigkeit«, »Frohsinn« oder »Kinderliebe« ihren Sitz hätten. Und Gall glaubte, aus der Form des Schädels Rückschlüsse auf Eigenschaften und Charakter von Menschen ziehen zu können.

Die Phrenologie stellte sich später als weitgehend unwissenschaftlich heraus. Aber eines gilt inzwischen als gesichert: Verschiedene Aufgaben erledigt das Gehirn an ver-

Vorder- und Seitenansicht eines von Gall bezeichneten Schädels.

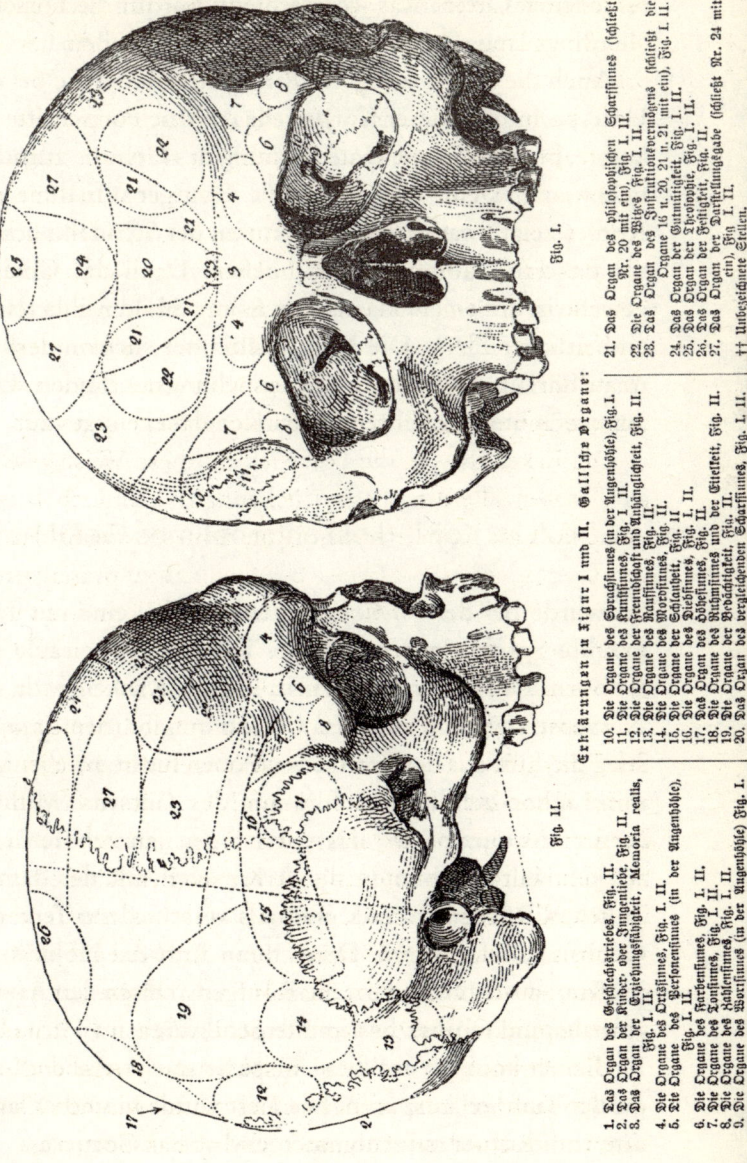

Fig. I.

Fig. II.

Erklärungen zu Figur I und II. Gallsche Organe:

1. Das Organ des Geschlechtstriebes, Fig. II.
2. Das Organ der Kinder- oder Jungenliebe, Fig. II.
3. Das Organ der Erziehungsfähigkeit, Memoria realis, Fig. I. II.
4. Die Organe des Ortssinnes, Fig. I. II.
5. Die Organe des Personensinnes (in der Augenhöhle, Fig. I. II.
6. Die Organe des Farbensinnes, Fig. I. II.
7. Die Organe des Tonsinnes, Fig. I. II.
8. Die Organe des Zahlensinnes, Fig. I. II.
9. Die Organe des Wortsinnes (in der Augenhöhle, Fig. I.

10. Die Organe des Sprachsinnes (in der Augenhöhle), Fig. I.
11. Die Organe des Kunstsinnes, Fig. I. II.
12. Die Organe der Freundschaft und Anhänglichkeit, Fig. II.
13. Die Organe der Kampflust, Fig. II.
14. Die Organe des Mordsinnes, Fig. II.
15. Das Organ der Schlauheit, Fig. II.
16. Das Organ des Eigensinnes, Fig. I. II.
17. Die Organe des Diebsinnes, Fig. II.
18. Das Organ des Kühnsinnes und der Eitelkeit, Fig. II.
19. Die Organe der Bedachtigkeit, Fig. II.
20. Das Organ des vergleichenden Scharfsinnes, Fig. I.

21. Das Organ des philosophischen Scharfsinnes (schließt Nr. 20 mit ein), Fig. I. II.
22. Die Organe des Witzes Fig. I. II.
23. Das Organ des Instruktionsvermögens (schließt die Organe 16 u. 20, 21 u. 21 mit ein), Fig. I. II.
24. Das Organ der Gutmütigkeit, Fig. I. II.
25. Das Organ der Theosophie, Fig. II.
26. Das Organ der Beständigkeit, Fig. I. II.
27. Das Organ des Darstellungsgabe (schließt Nr. 24 mit ein), Fig. II.

†† Unbezeichnete Stellen.

schiedenen Orten. Was wo geschieht, war für die Forscher allerdings lange Zeit nur sehr schwer festzustellen.

Auch die Entdeckung der Röntgenstrahlen, die bei der Untersuchung anderer Körperteile enorme Fortschritte erlaubte, brachte für die Untersuchung des Gehirns zunächst nur wenig. Denn eine klassische Röntgenaufnahme des Kopfes zeigt zwar gewisse Strukturen der Schädelknochen, die das Hirn komplett umschließen. Doch das Gehirngewebe ist auf einem klassischen Röntgenbild nichts als ein einheitlicher Fleck. Die Neuromediziner suchten deshalb unaufhörlich nach neuen Untersuchungsmethoden. Und anfangs muteten sie ihren Probanden dabei einiges zu.

## Luft im Kopf – kein angenehmes Gefühl

So wurde bei der *Pneumenzephalographie* eine mit Luft gefüllte Spritze in den unteren Teil der Wirbelsäule geschoben. Durch die Flüssigkeit, die das Rückenmark, die Nervenstränge und auch das Gehirn umgibt (den *Liquor*), stieg die Luft aus der Spritze nach oben bis in die ebenfalls mit Liquor gefüllten Hohlräume des Gehirns. Mithilfe dieses »Aufpumpens«, das vor einigen Jahrzehnten entwickelt wurde, konnten die Ärzte auch mit der damals üblichen Röntgentechnik erstmals verschiedene Teile des Gehirns unterscheiden. Denn wenn Luft die Hohlräume im Kopf ausdehnt, liefern die Röntgenstrahlen den Ärzten Anhaltspunkte über bestimmte Strukturen im Hirn. Die Mediziner konnten auf diese Weise beispielsweise die Lage großer Tumore aufspüren. Die Luft wurde hinterher langsam vom Körper aufgenommen und abtransportiert.

Weniger schmerzhaft, aber mitunter nicht ganz unbedenklich ist eine andere Untersuchungsmethode, die ab Mitte des 20. Jahrhunderts genutzt wurde. Dabei spritzen Ärzte eine radioaktive Substanz in den Liquor. Die radioaktive Strahlung wird von einer Kamera aufgefangen und in Bilder umgewandelt. Diese Technik wurde immer weiter verfeinert, auch heute noch kommen ähnliche Verfahren zum Einsatz. So können beispielsweise bestimmte Stoffe, die Überträgerstoffen des Gehirns ähneln, radioaktiv »eingefärbt« werden. Wenn sie sich dann an spezielle Andock-Stellen, die *Rezeptoren*, ankoppeln, kann ihre Strahlung mit speziellen Verfahren wie Positronen-Emissions-Tomographie (PET) oder Single-Photon-Emissions-Computertomographie (SPECT) eingefangen werden. So können Forscher herausfinden, wo im Hirn auch die Überträgerstoffe, für die sie sich eigentlich interessieren, ihre Wirkung entfalten.

## In der Röhre

Ein weiterer großer Fortschritt war die Entwicklung der Computertomographie (CT). Diese spezielle Form der Röntgenaufnahme ermöglichte es, das Gehirn in einzelnen Schichten darzustellen. Erstmals konnten die Forscher das Innere des Kopfes von lebenden Menschen bis in kleine Details abbilden. Sie konnten auch kleine Tumore oder andere Schädigungen aufspüren – was vorher kaum möglich war. Allerdings haben CTs den Nachteil, dass sie mit einer sehr starken Strahlenbelastung verbunden sind. Für die Forschung an gesunden Menschen sind CTs daher nur sehr bedingt geeignet.

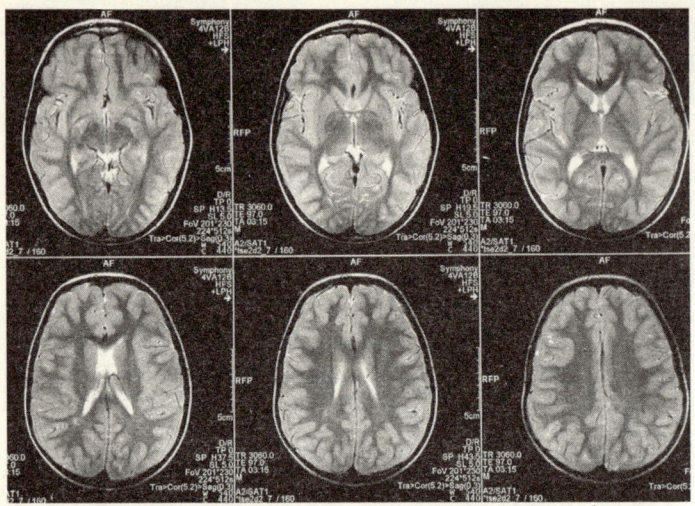

Auf MRT-Aufnahmen können Mediziner auch kleine Details des Gehirns erkennen. In diesen Aufnahmen ist unter anderem der symmetrische Aufbau des Hirns gut erkennbar.

Der bislang wohl wichtigste Sprung in der Erforschung des Gehirns ist die MRT-Technik gewesen, der sich Carsten gerade unterzieht. Sie erlaubt es, kleinste Strukturen bis hin zu Nervenfaser-Verbindungen zu erkennen – und zwar ohne dass die potenziell schädlichen Röntgenstrahlen zum Einsatz kommen. Denn MRTs arbeiten mit Magnetfeldern. Und die *funktionelle* MRT-Technik (fMRT) macht es möglich, das Gehirn beim Fühlen, Befehle-Geben oder sogar beim Denken zu beobachten.

In einer Hinsicht sind die modernen Untersuchungsgeräte allerdings noch bei Weitem nicht ausgereift, findet Carsten: In seiner MRT-Röhre ist es laut, eng, einfach unangenehm. Er ist ganz froh, als ihn der Versuchsleiter auffordert, mit dem kleinen Finger seiner rechten Hand in bestimmten Abständen auf einen Knopf zu tippen. Anschließend soll er sich an Worte einer Liste erinnern, die ihm vorher gezeigt wurde, und sie laut aussprechen. Die Forscher machen in diesen Momenten Aufnahmen seines Gehirns und vergleichen sie mit Aufnahmen, die sie erstellt haben, als Carsten nur ruhig dalag. Aus dem Abgleich können sie schließen, welche Gehirnregionen bei der Bewegung des kleinen Fingers aktiv waren und welche Regionen, als er sich an bestimmte Wörter erinnert hat und sie aussprach. Denn wenn die Zellen einer bestimmten Region besonders intensiv arbeiten, holen sie sich besonders viel Sauerstoff aus dem Blutkreislauf. Und dieses sauerstoffreiche Blut lässt sich mit dem fMRT sichtbar machen.

Doch die Neurowissenschaftler gewinnen ihre Erkenntnisse nicht nur aus Tests mit Menschen wie Carsten. Schon seit Jahrzehnten forschen sie auch an Zellkulturen und Tieren. Man kann zu Tierversuchen stehen, wie man will – eines lässt sich nicht bestreiten: Gerade bei der Erforschung der Abläufe in Nervenzellen haben sie wertvolle Erkenntnisse geliefert. Und sie haben Behandlungsmethoden für schwere Krankheiten eröffnet, die Menschen helfen, bei denen man früher von Unheilbarkeit ausgegangen wäre. Sogenannte »Hirnschrittmacher« beispielsweise (siehe Kapitel 7), die Parkinson-Patienten ein fast normales Leben ermöglichen, wären ohne Tierversuche nicht denkbar.

## Nerven den Puls gefühlt

Und durch Versuche an Zellkulturen gelingt es inzwischen, die grundlegendsten Prozesse der Arbeit der Nervenzellen

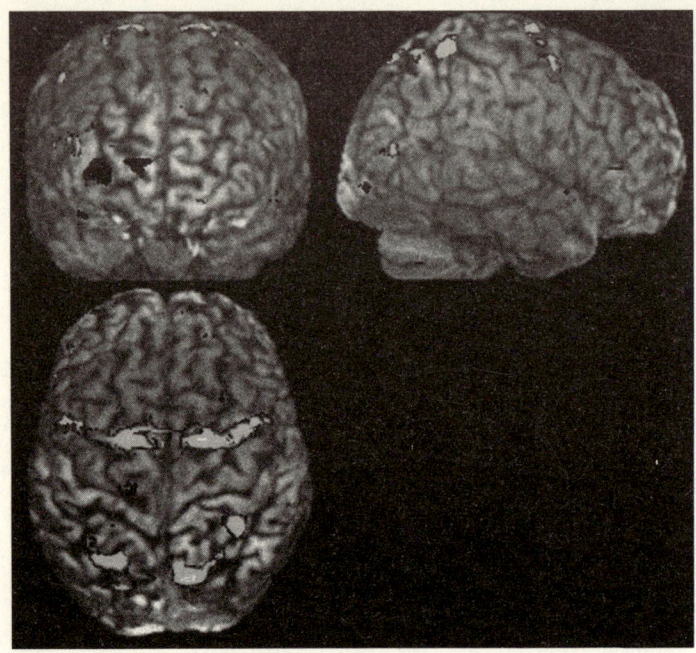

Mit funktionellen MRTs kann sichtbar gemacht werden, welche Hirnregionen bei bestimmten Aktivitäten besonders aktiv sind – hier zum Beispiel beim Bewegen der Augen.

bis in die allerkleinste Einzelheit zu erforschen. Die sogenannte Patch-Clamp-Technik erlaubt es zu beobachten, wie Ionen (also elektrisch geladene Atome) in Nervenzellen hineinfließen und wieder herausströmen. Dazu wird eine extrem feine Pipettenröhre an eine Nervenzelle angesetzt. Diese Pipette ist rund hundertmal dünner als ein menschliches Haar! Mit ihrer Hilfe wird die Außenhülle der Zelle so nach oben gesogen, dass sich genau messen lässt, was im Inneren der Zelle geschieht.

Auf diese Weise können Forscher untersuchen, wie beispielsweise Medikamente, die gegen Depressionen wirken sollen, tatsächlich die Erregungsleitung in Nervenzellen verändern. Techniken wie die Patch-Clamp-Methode erlauben es daher, Theorien, über die man lange Zeit nur spekulieren konnte, mit einer Genauigkeit zu belegen (oder auch zu widerlegen), die bis vor Kurzem undenkbar war.

## Streng nach Bauplan

Mit den Ergebnissen solcher Versuche können Forscher sehr genau beschreiben, wie das Gehirn aufgebaut ist und wie es arbeitet. Die grobe Unterteilung in Großhirn, Kleinhirn etc. ist schon bekannt, seitdem man angefangen hat, die Gehirne von Toten zu zerschneiden. Inzwischen lässt sich aber die Arbeitsteilung der verschiedenen Regionen des Gehirns immer detaillierter darstellen.

Als Carsten in der MRT-Röhre liegt, interessieren sich die Forscher besonders dafür, was in seiner Großhirnrinde, dem *Neocortex* (oder auch nur *Cortex*), vor sich geht. Dort haben vor allem verschiedene Arten der Wahrnehmung, der bewussten Bewegung und des Willens ihren Ort. Bemerkenswerterweise ist der Cortex kein großer Klumpen von Nervenzellen innerhalb des Hirns, sondern sitzt wie eine Haube über den restlichen Teilen des Gehirns – daher auch die Bezeichnung »Rinde«.

Allerdings ist es eine ganz besonders geformte Rinde: Der Cortex ist vielfach gefaltet und hat daher eine weit größere Oberfläche, als wenn er einfach nur glatt auf den anderen Hirnbereichen aufliegen würde. Diese Faltung in verschiedenste Windungen hat einen Vorteil: Es finden wesentlich mehr Nervenzellen Platz. Die vielen Falten und Furchen sind auch einer der besonders auffälligen Unterschiede zu den Gehirnen von Tieren. Selbst Tiere, die als einigermaßen intelligent gelten, wie zum Beispiel Ratten, haben nur wenige Faltungen in ihrer Hirnrinde. Andere, tiefer liegende Regionen des Gehirns nehmen bei diesen Tieren im Verhältnis zum Cortex viel Platz ein. Beim Menschen hingegen spielt die Großhirnrinde eine hervorgehobene Rolle.

Die Neurowissenschaftler betrachten aber den Cortex nicht als *ein* einheitliches Gebilde. Sie unterscheiden verschiedene Regionen: Im Frontalhirn, also direkt hinter der Stirn, laufen unter anderem Prozesse ab, die die Forscher mit Persönlichkeit und Charakter sowie mit dem Bewusstsein für das eigene Ich in Verbindung bringen. Hier ist auch die Region, in der die Wissenschaftler eine Aktivität sehen können, als sich Carsten in der MRT-Röhre entschließt, den kleinen Finger zu bewegen.

In der Region der Großhirnrinde, die sich hinter den Ohren ausbreitet, haben andere Funktionen ihren Sitz. In diesem *Schläfenlappen* wird Sprache wahrgenommen, aber auch formuliert – und zwar in unterschiedlicher Gewichtung: Bei Rechtshändern ist der linke Schläfenlappen die beherrschende Seite. Bei Linkshändern ist die Sache etwas komplizierter, hier kann die beherrschende Seite entweder rechts oder links sein.

Aber nicht nur Sprache wird in den Schläfenlappen wahrgenommen, sondern auch alle anderen Geräusche. Außerdem stellen die Nervenzellen in dieser Region Assoziationen her, also bestimmte Verknüpfungen: Wenn in dieser Hirnregion ein Summen als Geräusch einer Mücke erkannt wird, folgen entsprechende Reaktionen: Jemand schlägt beispielsweise fast unbewusst nach der Mücke.

Mit Stirn- und Schläfenlappen ist die Aufzählung der verschiedenen »Lappen« noch nicht zu Ende. Über dem Schläfenlappen, also weiter oben, sitzt der *Scheitellappen*. Dort hat unter anderem die Sensibilität ihren Sitz. Das heißt: Hier verarbeitet das Gehirn die Signale, die die Nervenzellen schicken, wenn etwa die Finger etwas berühren und eine Oberfläche als rau oder glatt erkennen. Oder auch die Signale, die eingehen, wenn die Füße Wasser als kalt erspüren. Oder wenn die Haut am Bauch eingedrückt wird und die Nervenzellen von dort melden, dass der Gürtel zu eng sitzt.

An der hinteren Seite des Schädels, im *Hinterhauptslappen*, schließlich sitzt paradoxerweise der Teil der Großhirnrinde, der für Signale zuständig ist, die von vorn kommen: Hier werden die Eindrücke verarbeitet, die die Augen empfangen. Und am Beispiel der Prozesse, die beim Sehen ablaufen, lässt sich erahnen, wie kompliziert das Gehirn insgesamt arbeitet.

## Warum einfach, wenn es auch kompliziert geht?

Wenn man zum Beispiel das linke Auge zukneift, dann empfängt das geöffnete rechte Auge – nach den Gesetzen der Optik – auf der Hälfte der Netzhaut, die *näher* an der Nase liegt, Reize von der Seite des Gesichtsfeldes, die *weiter* von der Nase entfernt ist – also von rechts. Die Wahrnehmung dieses »nasalen« Teils der *rechten* Netzhaut wird über eine Kreuzung beider Sehnerven direkt hinter dem Auge in den hinteren Teil der *linken* Hirnhälfte umgeleitet. Doch damit nicht genug: Die Wahrnehmung des anderen Teils der Netzhaut im rechten Auge verbleibt in der *rechten* Hirnhälfte und wird *dort* wahrgenommen. Jede Seite des Gehirns empfängt also optische Informationen von bestimmten Anteilen jedes Auges. Alles klar? Wahrscheinlich noch nicht. Vielleicht hilft ein Blick auf folgende Illustration:

## Blind – ohne es zu merken

Diese komplexe Verarbeitung ermöglicht es, Formen und Abstände von Gegenständen richtig zu erkennen und die Welt mit einer Einteilung nach oben-unten, vorne-hinten, rechts-links – also dreidimensional – wahrzunehmen. Diese Verarbeitungstechnik sorgt aber auch dafür, dass Schädigungen der *Sehrinde* im hinteren Teil des Hirns zu eigentümlichen Ausfallserscheinungen führen können. Wenn etwa ein Tumor oder ein Schlaganfall die Sehrinde in der rechten Hirnhälfte geschädigt hat, kann der Kranke auf dem rechten Auge das nicht mehr sehen, was nahe an der Nase ist. Mit dem linken Auge kann er nicht mehr sehen, was seitlich von ihm ist. Alles andere, was sich vor den Augen tut, kann das Gehirn jedoch weiterhin wahrnehmen.

So kann es geschehen, dass eine Patientin, die keineswegs blind ist und das, was sie sieht, auch scharf erkennt, im Supermarkt ständig mit dem Einkaufswagen auf der linken Seite ans Regal rempelt. Denn das, was sich auf dieser Seite

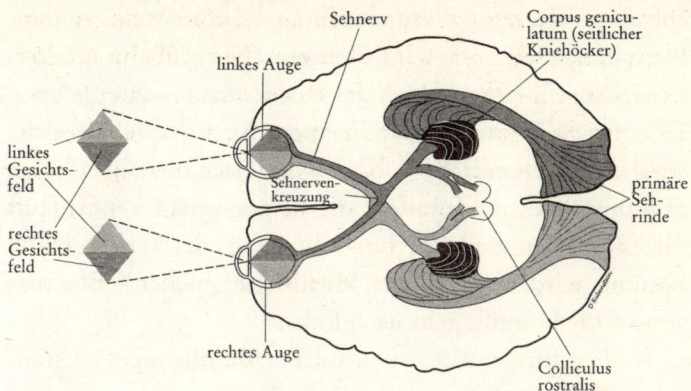

An dieser Illustration wird deutlich, wie die Informationen der verschiedenen Bereiche der »Gesichtsfelder« über Kreuz verarbeitet werden – dunkle und helle Schattierung zeigen den Weg der Information.

befindet, wird in ihrem Kopf nicht mehr verarbeitet. Sie hat also eine völlig andere Einschränkung als jemand, der durch einen Unfall oder eine Krankheit ein Auge komplett verloren hat.

## Nerven-Teamarbeit

Selbst hinter Abläufen, die uns einfach und selbstverständlich erscheinen, steht also ein kleines Wunderwerk aus Informationsübertragungen. Das zeigt sich auch an Reaktionen, die wir jeden Tag Hunderte Male achtlos ausführen. Wenn sich zum Beispiel eine kleine Spinne an ihrem Faden auf unserer linken Hand niederlässt, geschieht Folgendes: Winzige »Antennen« in der Haut, die Berührungsrezeptoren, registrieren die Bewegung der Spinnenbeinchen. Die

Information, dass diese minimale Veränderung auf der Haut eingetreten ist, wird über eine Nervenbahn im Arm zunächst rein elektrisch an das Rückenmark weitergeleitet. Dort wird die Information in einem Wechselspiel aus elektrischer und chemischer Übertragung nach oben ins Gehirn übermittelt. Aus Gründen, die keiner genau kennt, läuft die Information über Kreuz: Was von der *linken* Hand kommt, wird in die *rechte* Hirnhälfte geleitet – und was von rechts kommt, geht nach links.

In dem für das Erkennen solcher Berührungen zuständigen Teil der Hirnrinde wird die Information registriert. Ohne bewusst nachzudenken, richten wir unseren Blick auf die linke Hand. Die Augen liefern die Information, dass dort etwas mit acht Beinen sitzt. Diese Information wird in einem Teil der Hirnrinde verarbeitet, der fürs Sehen zuständig ist. Das Bild des runden Tierkörpers mit acht Beinen wird mit einer großen Zahl verschiedener Nervenzellen verschaltet. Diese sogenannten Assoziationsfelder aktivieren den Begriff »Spinne«. Der ist im Gehirn mit weniger angenehmen Emotionen verknüpft als zum Beispiel der Begriff »süßer kleiner Marienkäfer«.

Nun tritt in der linken Gehirnhälfte ein Teil der Hirnrinde in Aktion, in dem Bewegungsbefehle an Arm und Hand abgegeben werden. In diesem Moment lautet der Befehl: »Tier wegwischen.« Er geht durchs Gehirn, wechselt in der Tiefe des Hirns in die andere Körperseite und läuft über das Rückenmark und den Nerv zu den Muskeln, die nötig sind, um den rechten Arm entsprechend zu bewegen, dass er die Spinne von der linken Hand wischt.

# Rinks und lechts sollte man nicht velwechsern

Die verschiedenen Regionen des Gehirns teilen sich ihre Arbeit also untereinander auf. Eine ganz besondere Rolle spielt dabei die Aufsplittung des Hirns in eine rechte und eine linke Hälfte. Diese Hälften sind zwar an mehreren Stellen eng miteinander verbunden, doch insgesamt verläuft zwischen ihnen eine ganz klare Trennlinie. Wenn ein Anatom das Gehirn eines Toten halbieren möchte, muss er nur einige wenige Schnitte mit dem Skalpell ausführen.

Dieser symmetrische Aufbau ist auf den ersten Blick nichts Besonderes. Viele Organe des Körpers sind spiegelbildlich angelegt: Wir haben zwei Lungenflügel oder auch zwei Nieren. Doch rechte und linke Niere wie auch die beiden Lungenflügel erfüllen ihre Aufgabe auf identische Weise. Bei den zwei Hälften des Gehirns ist das anders. Sie sehen zwar äußerlich weitgehend gleich aus. Doch sie sind auf verschiedene Gebiete unterschiedlich spezialisiert.

Die linke Hälfte ist eher für Bereiche zuständig, bei denen es auf Vernunft oder logische Zusammenhänge ankommt. Wer eine mathematische Aufgabe ausrechnet, Schach spielt oder etwa ein wissenschaftliches Problem lösen will, bei dem ist eher diese Hälfte des Hirns aktiv. Auf der rechten Seite der Großhirnrinde sind mehr die kreativen oder künstlerischen Fähigkeiten angesiedelt. Wer ein Bild malt oder ein Instrument spielt, der lässt dabei vor allem die rechte Hirnhälfte arbeiten.

Allerdings wäre es falsch, zu glauben, dass die Hirnhälften unabhängig voneinander problemlos funktionieren könnten. In früheren Jahrzehnten haben Mediziner immer wieder bei Patienten die wichtigsten Verbindungsstränge zwischen den Gehirnhälften, vor allem den sogenannten *Balken*, durchtrennt. Sie hofften, beispielsweise Epileptikern helfen zu können, indem sie dieses Bündel von rund zweihundert Millionen Nervenfasern kappten. Diese radikale Operation hat allerdings auch massive unerwünschte Wirkungen.

So können solche »Split-Brain-Patienten« beispielsweise Dinge nicht mehr benennen, die sie im linken Teil ihres Gesichtsfeldes sehen – und die von der rechten Hälfte der Netzhaut wahrgenommen werden. Denn das entsprechende Sprachzentrum sitzt bei den meisten Menschen in der *linken* Hirnhälfte. Wenn dieses Zentrum nun über die übliche Kreuz-Verschaltung keine Informationen von den *rechten* Netzhauthälften mehr erhält, fehlen den Patienten die Worte für das, was sie sehen. Inzwischen nehmen Neurochirurgen diesen Eingriff nur noch selten vor.

## Grau macht schlau

Beim Blick auf Kernspin-Aufnahmen, wie sie beispielsweise von Carstens Gehirn gemacht werden, fällt aber noch etwas anderes jedem Betrachter auf, selbst wenn er keinerlei neurowissenschaftliche Vorbildung hat: Das Gehirn ist nicht nur auffällig in Links und Rechts getrennt. Die gesamte Hirnmasse lässt sich deutlich in einen helleren und

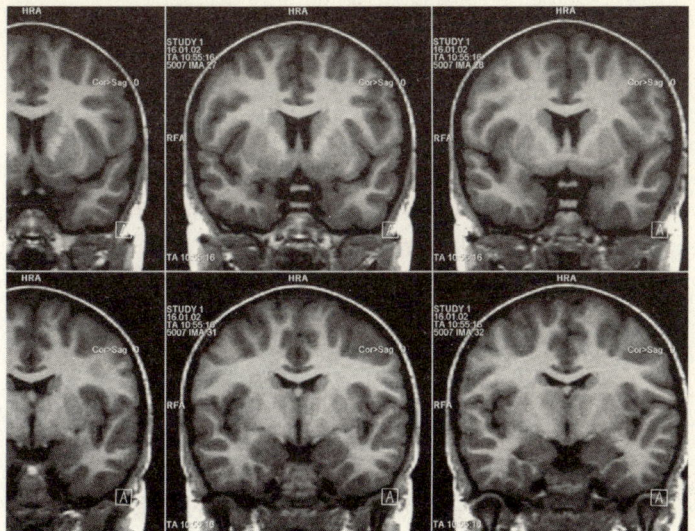

Im äußeren Teil der Großhirnrinde überwiegen die Neuronen – sie sind in dieser MRT-Aufnahme grau. Die Fortsätze, über die sie miteinander in Kontakt stehen, bilden weiße Flächen.

einen dunkleren Bereich einteilen. Die sogenannte *graue Substanz* sind die eigentlichen Nervenzellen. Die *weiße Substanz* sind die Milliarden von Fasern, über die die Zellen miteinander in Kontakt stehen.

Weil die Großhirnrinde nichts anderes ist als eine dichte Ansammlung von Nervenzellen, ist sie als durchgängig graue Schicht auf den entsprechenden Abbildungen erkennbar. An diesen berühmten »kleinen grauen Zellen« hängen aber auch Fortsätze, über die die Nervenzellen Informationen in tiefere Regionen des Hirns weiterleiten und Informationen von dort empfangen. Diese Fortsätze sorgen dafür, dass unterhalb der Hirnrinde zunächst *weiße Substanz* vorherrscht.

Allerdings liegen auch in dieser weißen Substanz in einer gewissen Tiefe, jedoch noch zum Großhirn gehörend, wieder Bündel von grauen Zellen: die *Stammganglien*. Auch wenn der Name ähnlich klingt: Diese Nervenknoten haben kaum etwas gemeinsam mit den *Ganglien* von wenig entwickelten Tieren wie Würmern oder Insekten, die man aus dem Biologie-Unterricht kennt. Die Stammganglien im menschlichen Hirn sind vielmehr unerlässlich für Programme von Bewegungsabläufen. Wer eine Straße entlangläuft (worüber man üblicherweise nicht nachdenken wird) oder nach einem Konzert in die Hände klatscht, aktiviert seine Stammganglien. Doch auch für die Erinnerung sind sie wichtig. Bei bestimmten Formen von Bewegungsstörungen, ebenso wie bei bestimmten Schädigungen des Gedächtnisses, sind diese Ganglien beeinträchtigt (siehe Kapitel 7).

## Gefühle in den Tiefen des Gehirns

Auf dem Weg durch das Gehirn von der Großhirnrinde abwärts sind die Stammganglien also schon einige Stockwerke tiefer gelegen. In dieser Tiefe lässt sich noch eine weitere Region abgrenzen. *Thalamus* und *Hypothalamus*, die auch als »Zwischenhirn« bezeichnet werden, sind eine wichtige Umschaltstelle für verschiedenste Funktionen: Sie sind an Gefühlen beteiligt, aber auch bei Gedächtnisleistungen. Und hier werden Befehle an die *Hirnanhangdrüse* (Hypophyse) abgegeben, die daraufhin verschiedene Hormone ausschüttet. Das Zusammenspiel der Einzelteile dieser Hirnregion steuert unter anderem Wachstum, Sexualfunktionen, den Tag-und-Nacht-Rhythmus oder auch das Durstgefühl.

Dieser Hirnbereich steht wiederum mit anderen nahe gelegenen Strukturen in engem Kontakt und bildet mit ihnen gemeinsam das *limbische System* – von ihm wird noch an vielen Stellen in diesem Buch die Rede sein, denn es hat eine Menge Funktionen. Als Carsten in seiner MRT-Röhre Panik aufkommen fühlt, dürfte es zum Beispiel aktiv sein, aber auch, wenn er sich über eine SMS seiner Freundin freut. Genauso hat Aggression ihren Sitz im limbischen System. Als Carsten von seiner vorherigen Freundin per SMS die Mitteilung bekam, dass es zwischen ihnen aus sei, lief ebenfalls diese Nervengruppierung auf Hochtouren.

## Unerlässliche Aufgaben

Mit dieser bereits durchaus verwirrenden Vielfalt von verschiedenen Hirnregionen ist die Arbeitsteilung aber noch längst nicht zu Ende. Bisher war nur von unterschiedlichen Regionen des Großhirns die Rede. Daneben gibt es aber auch noch Kleinhirn und Hirnstamm. Um es kurz zu machen: Das Kleinhirn (auch *Cerebellum*), das direkt über dem Genick seinen Sitz hat, sorgt dafür, dass Carsten mühelos den Stift greifen kann, den man ihm nach dem MRT-Versuch gibt, um eine Bescheinigung zu unterschreiben. Das Kleinhirn ist nämlich für die Koordination von Bewegungen zuständig: für zielgerichtetes Greifen, sicheres Stehen oder auch Sitzen. Auch an bestimmten Gedächtnisleistungen ist es beteiligt.

Der *Hirnstamm* schließlich verbindet Klein- und Großhirn über die sogenannte *Brücke*. Durch den Hirnstamm hindurch verlaufen Fasern vom Gehirn Richtung Körper – und in der Gegenrichtung Nervenfasern aus dem Körper in Richtung Großhirn, die beispielsweise Sinneseindrücke melden. Aus dem Hirnstamm entspringen aber auch Hirn-Nerven, mit denen so wichtige Funktionen wie Hören, Gleichgewichtssinn, Bewegungen der Gesichtsmuskeln oder Augenbewegungen gesteuert werden. Und der Hirnstamm steuert unerlässliche Funktionen wie Atmung, Kreislauf oder Wachsein.

## Chemielabor und Mini-Kraftwerk

Alle diese Feinheiten im Aufbau des Gehirns lassen sich sehen, wenn man einen Probanden – wie Carsten – im MRT durchleuchtet. Um die Arbeit der einzelnen Zellen genauer zu betrachten, muss man sie allerdings unters Mikroskop legen, was Carstens Hirnzellen selbstverständlich erspart bleibt. Doch an künstlich gezüchteten Zellkulturen haben Forscher bis ins Detail beschreiben können, wie die Zellen, aus denen das Gehirn aufgebaut ist, arbeiten. Dabei gibt es zwei Haupttypen von Zellen: Die *Gliazellen* bilden Isolationsschichten zwischen den *Nervenzellen* (Neuronen), und sie ernähren diese.

Die eigentliche Weiterleitung und Verarbeitung von Informationen übernehmen jedoch eben jene Nervenzellen oder auch Neurone. Informationen aufnehmen und sie weitergeben – darauf sind Nervenzellen in höchster Perfektion spezialisiert. Sie nutzen dazu Chemie und Physik gleichermaßen. Chemie ist im Spiel, wenn eine Nervenzelle mit einer anderen Zelle kommuniziert: An der Schnittstelle der beiden Zellen, der *Synapse*, sitzen winzig kleine »Bläschen«. Sie enthalten chemische Überträgerstoffe, die *Transmitter*. Von solchen Stoffen mit (leider nicht ganz einfachen) Namen wie Glutamat, Acetylcholin, Dopamin, Serotonin oder Gamma-Aminobuttersäure (GABA) wird noch an einigen Stellen in diesem Buch die Rede sein.

Die Transmitter sind vielseitig. Sie können sogenannte »erregende« oder auch »hemmende« Botschaften übermitteln. Die »Hemmung« ist ebenso wichtig wie die »Erregung« – sonst hätte das Nervengeflecht in der gleichen Weise Probleme wie ein Auto, das über keine Bremsen verfügt. Wie eine Autofahrt nur als Wechselspiel von Gasgeben und Bremsen zum Ziel führt, so können die Nerven nur durch ein Wechselspiel von »Erregung« und »Hemmung« Informationen transportieren und verarbeiten.

## Geben und Nehmen am synaptischen Spalt

Sobald eine Nervenzelle durch einen Reiz erregt wird, verändert sie ihre elektrischen Eigenschaften. Es entsteht ein *Aktionspotenzial*, das über den langen »Schwanz« des Neurons, das *Axon*, weitergeleitet wird. Sobald diese elektrische Information bei den synaptischen Bläschen ankommt, öffnen sie sich und setzen die in ihnen enthaltenen Botenstoffe frei. Sie geben diese Stoffe aber nicht auf gut Glück irgendwohin ab, sondern füllen sie in einen Spalt, der die eine Zelle von der nächsten trennt. Die Botenstoffe schwimmen nun durch den winzigen Spalt, um auf der anderen Seite bei der nächsten Zelle an passenden Empfängerstellen, den Rezeptoren, anzudocken. Wenn das geschehen ist, läuft durch Nervenzelle Nummer zwei ein elektrischer Impuls. Falls der stark genug ist, führt er dazu, dass Nervenzelle Nummer zwei wiederum an anderer Stelle Botenstoffe ausschüttet – wodurch dann abermals andere Nervenzellen stimuliert werden.

Einem Irrtum sollte man an dieser Stelle aber vorbeugen: Es wäre ein Fehler, zu glauben, dass elektrische Blitze durchs Gehirn zucken oder dass Chemikalien vor sich hin brodeln wie in einem Labor. Die Bilder von MRT-Scans, auf denen helle Flecken Aktivitäten im Gehirn zeigen, sind nur eine optische »Übersetzung« dessen, was im Gehirn geschieht. Sie sind kein wirkliches *Abbild* des Gehirns. Das ist und bleibt eine reglose graue Masse. Und auch Fernseh-Animationen, in denen es zwischen den Nervenzellen blitzt und blinkt, sind nur nette optische Tricks. Tatsächlich ist es im Kopf stockfinster und ruhig. Und die elektrischen Ströme, über die im Hirn Informationen transportiert werden, sind so verschwindend schwach, dass sich auch der Empfindlichste keinen Schlag holen würde, wenn er einen Finger in ein Gehirn hineinsteckt.

Auch wenn alles ganz ruhig abläuft, arbeiten die Nervenbahnen doch rasend schnell. Selbst die maximale Strecke innerhalb des Körpers vom großen Zeh zum Gehirn wird in Sekundenbruchteilen überwunden. So nimmt Carsten beispielsweise die Information »Mir ist der Versuchsleiter auf den Fuß getreten« fast genau in dem Moment wahr, in dem das Malheur passiert.

Und es kommunizieren nicht nur *zwei* Nervenzellen über *einen einzelnen* synaptischen Spalt, sondern es sind

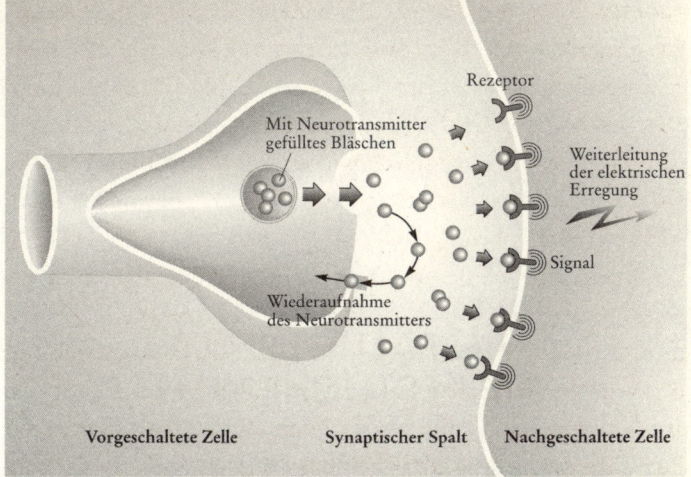

Rezeptor

Mit Neurotransmitter
gefülltes Bläschen

Weiterleitung
der elektrischen
Erregung

Signal

Wiederaufnahme
des Neurotransmitters

Vorgeschaltete Zelle     Synaptischer Spalt     Nachgeschaltete Zelle

An der Schnittstelle zwischen dem Axon einer Nervenzelle und dem Dendriten einer anderen Zelle werden Botenstoffe (Neurotransmitter) freigesetzt. Sie wandern durch den synaptischen Spalt und lösen – wenn die Information stark genug ist – in der nachgeschalteten Zelle einen elektrischen Impuls aus.

an jeder einzelnen Informationsübertragung viele tausend Zellen über viele tausend Spalte beteiligt. Insgesamt stehen auf diese Weise Milliarden von Nervenzellen miteinander in Verbindung. Zwar nicht jede einzelne mit allen anderen – aber insgesamt bilden sie ein unbeschreiblich komplexes Geflecht aus »Erregung« und »Hemmung«.

Und wenn einem Leser (oder einer Leserin) nach der Lektüre der letzten Seiten möglicherweise ein wenig der Kopf schwirrt, dann ist das nichts anderes als der Austausch von Aktionspotenzialen, hemmenden und erregenden Botschaften in einem Netz von diversesten Hirnarealen, die alle gemeinsam eines ergeben: das Bewusstsein eines Menschen.

# 3

# VIELFÄLTIGER ALS
# DIE RESTLICHE WELT

## Wie ein Gehirn entsteht

Bei Sarahs erstem Schrei kurz nach ihrer Geburt ist eigentlich schon alles da. 100 000 000 000 Nervenzellen drängen sich in ihrem Köpfchen und in dem engen Kanal, der durch ihre Wirbelsäule verläuft. Einhundert Milliarden Neurone bilden das Denkorgan des kleinen Wesens. Ein Organ, das später vielleicht einmal genau berechnen kann, wie ein Wolkenkratzer gebaut sein muss, damit er nicht einstürzt; ein Organ, das vielleicht einmal mitreißende Songs komponiert; ein Organ, das beim Computerspielen schneller als ein Blitz dafür sorgt, dass die Finger in Bewegung umsetzen, was die Augen gerade gesehen haben. Aber bis dahin ist es für Sarah noch ein weiter Weg.

Wenn man sie so daliegen sieht auf dem Bauch ihrer erschöpften Mutter, wie sie nicht sitzen oder gar stehen kann, wie sie noch kein Wort äußern und nicht einmal wirklich lächeln oder lachen kann, möchte man eines gar nicht glauben: Sarah hat bei der Entwicklung ihres Gehirns auch schon einen sehr, sehr weiten Weg hinter sich. Wenn jemand die Nervenzellen, die in Sarahs Kopf und Rückenmark stecken, einzeln zählen wollte, würde er mehr als 9500 Jahre ohne Pause rechnen müssen. Wer also mit dem Abzählen der Nervenzellen des Babys heute fertig sein wollte, hätte bereits in der Mittel-Steinzeit, so etwa um das Ende der letzten Eiszeit herum, damit anfangen müssen. Dumm nur, dass damals wohl noch keiner der Steinzeitmenschen so weit zählen konnte.

Doch zurück zu Sarah. 100 000 000 000 Nervenzellen drängen sich am Tag ihrer Geburt in ihrem kleinen Kopf. Und sie hatten gerade einmal neun bis zehn Monate Zeit zu wachsen. Wenn man es genau nimmt, ging die Sache sogar noch schneller. Denn den größeren Teil der Neurone hatte Sarah schon nach der ersten Hälfte der Schwangerschaft gebildet. Das heißt, ihr Körper hat während der Schwangerschaft in jeder einzelnen Minute zwischen einer Viertel und einer halben Million Nervenzellen wachsen lassen. Wenn ihre Neurone Einwohner Deutschlands wären, dann hätte sich die Bevölkerung innerhalb von drei Stunden verdoppelt.

## Von eins auf hundert Milliarden

Einhundert Milliarden Nervenzellen – eine kaum vorstellbare Zahl. Und fast ebenso schwer ist es, sich vorzustellen, dass sie alle auf nur eine einzige Zelle zurückgehen. Wer es ganz genau haben möchte: auf zwei Zellen, die Eizelle der Mutter und das Spermium des Vaters, die zu Beginn von

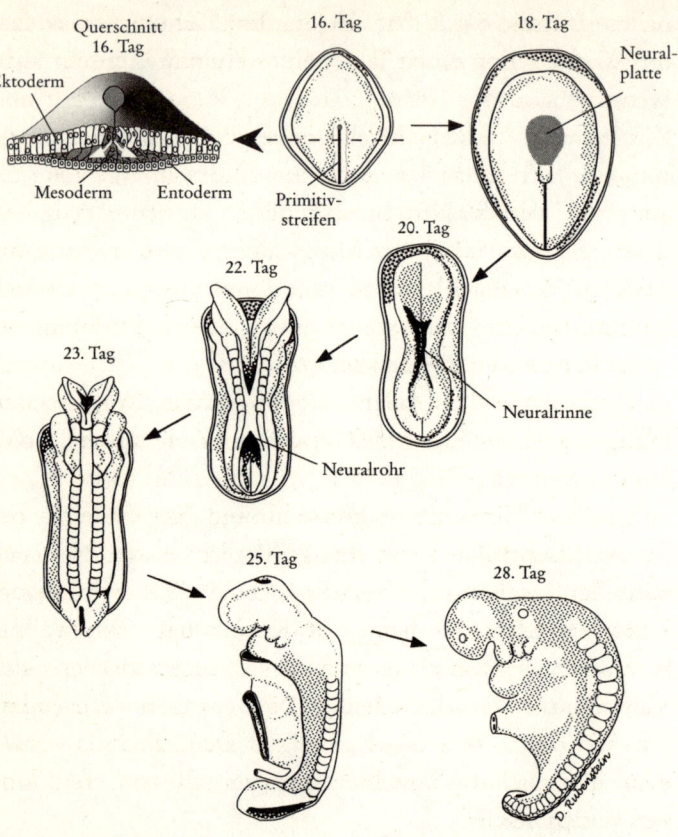

Querschnitt
16. Tag

Ektoderm

Mesoderm    Entoderm

16. Tag

Primitiv-
streifen

18. Tag

Neural-
platte

20. Tag

22. Tag

23. Tag

Neuralrinne

Neuralrohr

25. Tag

28. Tag

D. Rubenstein

Etwa 18 Tage nach der Befruchtung entstehen die ersten Grund-
lagen des Nervengewebes. Aus ihnen bildet sich die sogenannte
Neuralrinne und dann das Neuralrohr – das zur Basis des
zentralen Nervensystems wird.

Sarahs Geschichte miteinander verschmolzen sind und die
Erbinformationen ihrer DNA vereinigt haben. Ganz am
Anfang von Sarahs eigener Geschichte steht aber wirklich
nur *eine* Zelle. Sie beginnt, erst langsam, sich zu teilen. Zu-

nächst entsteht ein kleiner Zellhaufen, der über die nächsten Wochen hinweg die Form eines kleinen Menschen annimmt.

Nach rund einem Monat ist in der Rollenverteilung unter den Zellen schon eines klar: Die Nervenzellen sind anders als alle anderen. Sie sind bereits darauf vorbereitet, dass sie einmal das Kommando über den Körper haben werden. Muskelzellen sind so eingerichtet, dass sie sich zusammenziehen und wieder entspannen können. Leber- und Nierenzellen sind in der Lage, Gifte aus dem Körper zu entfernen. Nervenzellen haben eine andere Aufgabe und Fähigkeit: Sie leiten auf elektrischem und chemischem Weg Botschaften weiter.

Und noch in anderer Hinsicht sind Nervenzellen besonders. Die meisten von ihnen sind nicht in der Lage, sich zu teilen, während sich zum Beispiel Hautzellen oder Leberzellen immer wieder neu aufspalten. Früher glaubte man sogar, Nervenzellen von Erwachsenen könnten sich überhaupt nicht mehr teilen. Das hat sich inzwischen allerdings als falsch herausgestellt. Es ist klar, dass sich einige spezielle Vorläufer von Neuronen das ganze Leben lang neu bilden können.

Die Schwierigkeiten, die die meisten Nervenzellen damit haben, sich zu teilen, zwingt sie jedoch dazu, etwas zu tun, was man von einer Körperzelle erst einmal nicht erwartet. Sie wandern durch den wachsenden Körper des Embryos. Auf diese Weise gelangen sie dorthin, wo sie gebraucht werden, wo sie anwachsen sollen.

Aber nicht nur in dieser Hinsicht unterscheiden sich die Nervenzellen wesentlich von den anderen Grundbausteinen des Körpers. Sie sind auch grundlegend anders konstruiert

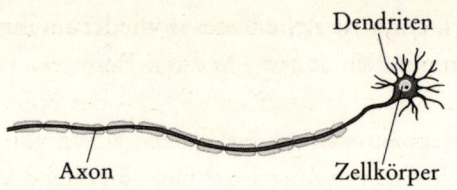

Nervenzellen bestehen aus einem Zellkörper und einem langen Fortsatz – dem Axon. Es ist von einer Isolierschicht umgeben. Sie hat in bestimmten Abständen Einschnürungen, wodurch elektrische Impulse besser weitergeleitet werden können.

als eine Muskelzelle oder eine Knochenzelle. Sie haben nicht nur einen Zell-*Körper* wie alle anderen Zellen auch. Sie haben daneben noch bis zu mehrere Tausend Verästelungen, die sogenannten *Dendriten*. An diesen wiederum sitzen noch einmal kleine Ausbuchtungen, die *Spikes*. Neben diesen vielen kleinen Verästelungen hat jede Nervenzelle einen langen Hauptast, das *Axon*.

## Ein Universum im Kopf

So hängt schon an jeder einzelnen Nervenzelle ein schwer überschaubares Gewirr von Unterstrukturen. Doch wirklich komplex wird die Sache, wenn man sich Folgendes vorzustellen versucht: Jede Nervenzelle nimmt über ihr Axon Kontakt zu anderen Nervenzellen auf, das heißt, sie »dockt« sozusagen an die Dendriten der anderen Zellen »an«. Die Zelle gibt an dieser Stelle Informationen an jeweils eine andere Nervenzelle weiter. Es ist allerdings viel zu kurz gegriffen, wenn wir immer nur auf *eine* Nervenzelle blicken. Denn jede Zelle bietet ja wiederum ihrerseits mit den anderen Zellen 10 000 »Andock-Punkte«.

Wenn wir uns nun daran erinnern, dass der Mensch bei seiner Geburt 100 000 000 000 Nervenzellen hat, von denen jede einzelne bis zu etwa 10 000 unterschiedliche Verbindungen eingehen kann, dann kommen wir zu dem Ergebnis, dass es im menschlichen Gehirn nicht nur 100 Milliarden Nervenzellen gibt, sondern eine noch wesentlich größere Zahl von Verknüpfungspunkten. Nach den Schätzungen der Neurologen gibt es im Hirn eines Erwachsenen zwischen 100 Billionen und einer Billiarde solcher Synapsen (in Zahlen: 1 000 000 000 000 000). Um diese Synapsen alle zu zählen, würden also 9500 Jahre bei weitem nicht mehr reichen – hier müsste man sich rund 10 bis 100 Millionen Jahre Zeit nehmen.

Damit ist die Vielfalt der Verknüpfungen in unserem Gehirn aber noch lange nicht am Ende. An jedem Verknüpfungspunkt können die Zellen eine Information austauschen, die entweder als »erregend« oder als »hemmend« bezeichnet wird (siehe Kapitel 2). Weil aber natürlich nicht alle Zellen gleichzeitig einander dieselbe Information übermitteln, gibt es ständig unterschiedliche *Zustände* des Gehirns. Deren Zahl liegt also wiederum noch gigantisch weit höher als die Zahl der Synapsen. Tatsächlich nehmen Neurowissenschaftler an, dass die Anzahl der möglichen *Zustände* des Gehirns höher ist als die Zahl aller Moleküle im gesamten Universum, in dem wir leben – mit all seinen Galaxien, Sternen, Planeten und Monden.

# Immer fleißig knüpfen

Im Kopf der kleinen Sarah, die gerade geboren wurde, herrscht allerdings noch keine ganz so große Vielfalt an Synapsen. Ihr Hirn verfügt zwar schon über sämtliche Zellen. Sie haben allerdings noch längst nicht alle Kontakt miteinander aufgenommen. Doch sie tun das mit einer Geschwindigkeit, die in etwa so rasant ist wie die Entwicklung der Zellen während der Zeit im Mutterleib.

Vor allem bis zum vierten Lebensmonat explodiert die Zahl der Verknüpfungen in Sarahs Hirn förmlich. Sie verdoppelt sich in dieser kurzen Zeitspanne. Bis zum ersten Geburtstag geht es zügig weiter. Allerdings nehmen es die Nervenzellen in dieser Zeit nicht so genau, ob es denn etwas bringt, mit einer anderen Zelle Kontakt aufzunehmen. Das Motto lautet noch: »Hauptsache möglichst viele Verknüpfungen«. Doch diese Verknüpfungen sind kein Selbstzweck. Sie dienen vielmehr dazu, dass Sarah später laufen, malen, schreiben, sprechen, vielleicht auch gut singen kann.

Damit das möglich wird, passiert etwas, das auf den ersten Blick paradox erscheint: Viele Verbindungen werden ab dem ersten Lebensjahr wieder gekappt. Ein Kleinkind hat noch etwa doppelt so viele Synapsen wie ein Erwachsener. Das Zurückschneiden im wild gewachsenen Synapsendschungel hat aber seinen Sinn. Nur wenn sich das Netz auf bestimmte wichtige Verbindungen konzentriert, kann das Hirn all die Leistungen und manchmal auch Hochleistungen vollbringen, die den Menschen ausmachen.

## Beste Qualität:
## Achtzehn Jahre gereift

Doch nicht nur durch das ständige Knüpfen und Ent-Knüpfen von Synapsen ist die Entwicklung von Sarahs Gehirn vor allem in ihren ersten Lebensjahren ständig im Fluss. Auch ein anderer Teil ihrer Nervenbahnen verändert sich in dieser Zeit laufend – und noch einige Jahre darüber hinaus. Denn ihre Nervenzellen stehen ja nicht in einer Art »Funk-Kontakt«, um ihre Informationen auszutauschen. Dieser Austausch geschieht vielmehr elektrisch über eine Art Leitung, das Axon, von dem weiter oben schon kurz die Rede war.

Doch bei Sarahs Geburt fehlt diesen Axonen noch ein wichtiger Bestandteil. Damit die Axone ihre Hauptaufgabe, die Weiterleitung von elektrischen Impulsen, rasch und effektiv erledigen können, brauchen sie einen Mantel aus anderen Zellen, der sich um sie herumlegt. Dieser *Myelin*mantel ist in gewissen Abständen eingeschnürt, ähnlich wie eine lange Bratwurstkette. Die Einschnürungen haben einen Zweck: Diese Struktur erlaubt es den elektrischen Impulsen, von Einschnürung zu Einschnürung zu »springen«. Das heißt, sie müssen nicht die ganze »Wurstkette« entlangkriechen, sondern können sozusagen über die einzelnen »Myelin-Würste« drüberhüpfen. Es liegt auf der Hand, dass auf diese Weise der elektrische Impuls weitaus schneller unterwegs ist: Auch ein Känguru, das hüpft, kommt wesentlich besser voran als eines, das auf seinen Füßen watschelt.

Doch der Myelinmantel bildet sich nur langsam und über Jahre hinweg. Erst um die Zeit herum, wenn Sarah volljährig ist, wird der Prozess ganz abgeschlossen sein. Bis es so weit ist, hat Sarah noch viele Misserfolge zu verkraften. Mit knapp zwei Jahren beispielsweise kann sie zwar schon laufen und in Zweiwort-Sätzen reden. Aber sie ist noch nicht in der Lage, ihre Schließmuskeln perfekt zu kontrollieren. Das wird noch etwa bis zu ihrem dritten Geburtstag dauern. So lange braucht es, bis die entsprechenden Nerven ihre Myelinscheiden voll ausgebildet haben. Erst dann kann Sarah den Befehl »Ich will jetzt *nicht* in die Hose machen« wirklich immer so an die zuständigen Muskeln weitergeben, dass sich die Muskeln auch daran halten.

## Eindrücke machen Leute

In dem Moment, wenn Sarah nach der Geburt das künstliche Licht eines Kreißsaals sieht, ist für sie also noch alles komplett offen. Faktisch ist zwar in weiten Teilen der Korridor vorgezeichnet, in dem sich ihr Leben und ihr Hirn entwickeln werden. Für Sarah, die in einer mittelgroßen deutschen Stadt geboren wird, ist im Grunde bereits bei der Geburt klar, dass sie bald ihr erstes Auto sehen wird, dass sie schon als Kleinkind erfahren wird, was Radio und Fernsehen sind. Sie wird in einen Kindergarten gehen. Dort wird sie hören, wie die Eltern anderer Kinder nicht deutsch, sondern türkisch oder russisch reden. Sie wird sich an der Schule – in ihrem Fall leider ziemlich erfolglos – mit Mathematik beschäftigen. Beim Klavierspielen hingegen, zu dem sie die Eltern sanft drängen, macht sie recht gute Fortschritte. Und ihr Hirn wird kein Problem damit haben, all diese Reize und Erfahrungen aufzunehmen und zu verarbeiten.

Es hätte aber auch ganz anders kommen können. Sarah könnte mit dem mehr oder minder gleichen Gehirn als Kind einer Eskimofrau auf die Welt kommen. Dann würden Kindergarten und Kinderfernsehen keine Rolle für die Entwicklung ihres Denkorgans spielen. Aber sie würde erfahren, was es bedeutet, sich in einer Schneewüste orientieren zu müssen oder Kajak zu fahren. Auch damit hätte ihr Gehirn keine Schwierigkeiten. Es nimmt die Welt, in der Sarah lebt, so wie sie kommt.

Der Kopf saugt Informationen also geradezu wahllos auf und verteilt sie auf die unsagbar vielen Verknüpfungen des Gehirns. Bestimmte Erfahrungen sind allerdings intensiver und Sarah macht bestimmte Erfahrungen häufiger als andere. Je intensiver und häufiger bestimmte Erfahrungen sind, desto fester werden die entsprechenden Synapsen in Sarahs Kopf geknüpft. Doch damit nicht genug. Es bilden sich auch mehr Synapsen, die diese Erfahrungen »abspeichern«.

Im Kopf der Sarah, die in der mittelgroßen deutschen Stadt geboren wird, bilden sich also beispielsweise insbesondere Synapsen, die sie in die Lage versetzen, ihre Finger flüssig über die Tastatur eines Klaviers fliegen zu lassen. Wenn Sarah als Eskimomädchen aufgewachsen wäre, hätten sich stärker Synapsen ausgebildet, die es ihr ermöglichen würden, sich beim Kajakfahren so zu bewegen, dass sie mit ihrem Boot nicht umkippt, sondern geschmeidig zwischen Eisschollen hin und her manövrieren kann.

## Kein Witz: SMS-Areale im Gehirn

Beim Lernen zeigt das Hirn besonders deutlich, dass es etwas völlig anderes ist als nur eine gigantisch große Computer-Festplatte. Es ist zwar schon während der Entstehung des Gehirns in der Schwangerschaft festgelegt, in welchen Bereichen zum Beispiel die Tast-Informationen verarbeitet werden, die die Finger liefern. *Nicht* festgelegt

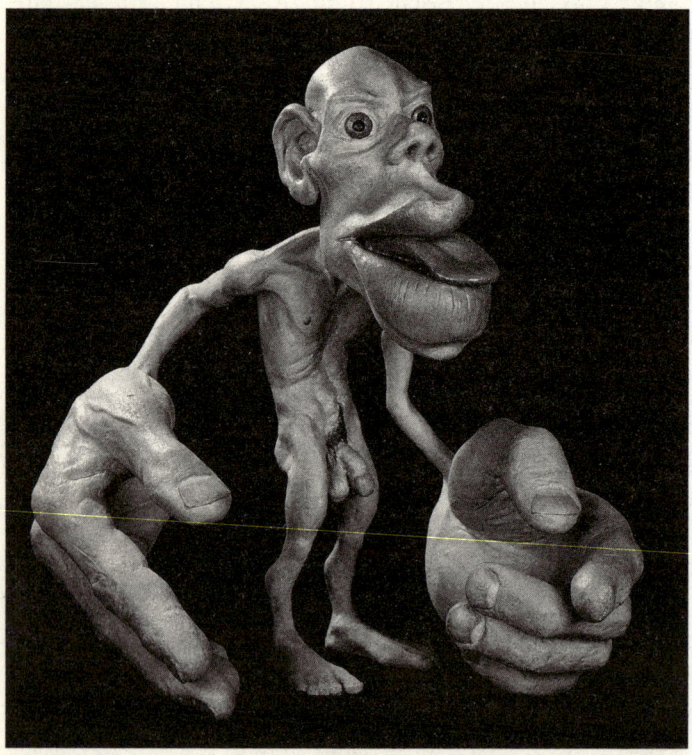

Hände, Lippen oder die Zunge liefern wesentlich mehr Sinneseindrücke an das Gehirn als Oberarme oder Füße – dieser »Homunculus« verbildlicht die unterschiedliche Gewichtung.

ist aber, wie ausgedehnt diese Bereiche sind und wie intensiv die Verbindungen dort geknüpft sind.

Wie sehr bestimmte Erfahrungen das Gehirn formen, zeigt sich bei Menschen, die Blindenschrift lesen können. Die »Brailleschrift« besteht ja aus winzig kleinen Erhebungen, die mit der Fingerkuppe wahrgenommen werden müssen. Um diese Schrift lesen zu können, ist langjähriges Training nötig. Und dieses Training verändert nachweislich das Gehirn. Bei den Menschen, die Brailleschrift flüssig entziffern können, verarbeitet eine größere Region die Tast-Information der Fingerkuppe als bei anderen Menschen.

Ähnlich ist es bei den Bereichen des Gehirns, die nicht für Wahrnehmung, sondern für Bewegung zuständig sind. So haben Forscher festgestellt, dass bei rechtshändigen Gitarrespielern eine größere Region des Hirns für die Bewegung des rechten Daumens zuständig ist als bei anderen Menschen. Ähnlich sieht es bei Leuten aus, die besonders oft eine Spielekonsole bedienen oder SMS-Texte in ihr Handy tippen. An einer Gruppe von englischen Jugendlichen ist tatsächlich nachgewiesen worden, dass bei ihnen die sogenannten *Karten* im Gehirn, die für den rechten Daumen zuständig sind, eine größere Fläche einnehmen als bei anderen Leuten – weil sie diesen Finger mit SMS-Botschaften trainiert haben.

## Das Gefühlsorgan

Zurück zur neugeborenen Sarah: Ihr kleiner Kopf ist also von Anfang an darauf vorbereitet, verschiedenste Fähigkeiten und unterschiedlichstes Wissen aufzusaugen. Doch in ihrem Kopf haben auch Empfindungen und Gefühle ihren Ort, die sich verändern und verfestigen. Sarahs Mutter etwa gibt ihr nicht nur süße Milch aus ihrer Brust, sondern auch Nähe, Wärme und Geborgenheit. Weil Sarah all das vom ersten Moment an wahrnimmt, entwickelt sie eine enge Bindung zu ihrer Mutter, die anders ist als ihre Beziehung zu allen anderen Menschen, die sie jemals treffen wird. Doch natürlich prägt sich auch ihr Vater, der sie immer so herrlich auf dem Arm wiegt und so beruhigend für sie singt, vom ersten Moment an in Sarahs Kopf ein. Und ihr dreijähriger Bruder, der von dem neuen Baby erst einmal gar nicht begeistert ist, wird Sarahs Leben so sehr prägen wie kaum ein anderer Mensch.

Sarah wächst also von ihrem ersten Lebenstag an in ein dichtes Geflecht nicht nur von Informationen, sondern auch von Emotionen und Bindungen hinein. Menschen und das, was sie tun, lösen in Sarah Gefühle aus – auch hier ist wieder das *limbische System* (siehe Kapitel 2) besonders stark beteiligt.

Sarah lacht, wenn jemand mit ihr Baby-Spielchen macht, sie weint, wenn ihre entnervten Eltern mit ihr schimpfen, weil sie nicht schlafen will. Und Sarah löst ihrerseits in den Menschen ihrer Umgebung Gefühle aus. In was für ein Beziehungs- und Gefühlsgeflecht Sarah hineinwächst, ob sie Wärme oder Ablehnung erfährt, Geborgenheit oder Unsicherheit –, auch all das entscheidet mit darüber, zu was für einem Menschen sie sich entwickelt. Das Gehirn ist eben gleichermaßen ein Gefühls- und Beziehungsorgan, das sich vor allem in den ersten Lebensjahren stetig verändert.

## Nichtskönner sein – Voraussetzung, um Alleskönner zu werden

Synapsen knüpfen und Myelinscheiden wachsen lassen, das ist also das, was Sarahs Nervengeflecht in den Monaten und Jahren nach ihrer Geburt Tag und Nacht tun wird. Nach zwei bis drei Monaten sind die Nerven so ausgereift, dass die Halsmuskeln den Kopf einigermaßen gerade halten können. Sarahs Eltern müssen nicht mehr nervös in ihr Genick fassen, damit der Kopf nicht zur Seite kippt.

Als sie ein halbes Jahr alt ist, kann sie Arme und Beine schon so bewegen und aufstützen, dass es ihr gelingt, sich vom Rücken auf den Bauch zu drehen und umgekehrt. Zu ihrem ersten Geburtstag kann das Gehirn die nötigen Befehle an Arme und Beine übermitteln, damit Sarah in der Lage ist zu krabbeln. Sie kann sich auch am Wohnzimmertisch hochziehen und für einen Moment allein stehen.

In den letzten Monaten vor ihrem ersten Geburtstag hat sie zunächst noch unkoordiniert nach ihrem Spielzeug gegrabscht, dann wurden ihre Bewegungen immer gezielter, als Einjährige beherrscht sie schließlich den sogenannten »Pinzettengriff« mit Daumen und Zeigefinger. Bereits jetzt ist zu sehen, dass sie Linkshänderin ist – das bedeutet, dass ihre rechte Hirnhälfte »dominant« ist, zumindest was die Motorik angeht. Bald nach ihrem ersten Geburtstag beginnt Sarah zu laufen, ohne dass jemand sie stützen muss. Zunächst geht sie allerdings noch schwankend und fällt immer wieder hin.

Wenn man Menschenkinder mit Tierbabys vergleicht, ist es erstaunlich, wie viel länger Menschen brauchen, um stehen und laufen zu können. Ein neugeborenes Rehkitz oder Pferdefohlen hält sich schon kurz nach der Geburt auf seinen Beinen und fängt fast umgehend an zu laufen. Davon können die Eltern von Menschenbabys nur träumen. Die Erklärung, warum bei vielen Tierarten die Nervenbahnen, die sie fürs Laufen brauchen (im Gegensatz zum Menschen), schon kurz nach der Geburt ausgereift sind, ist leicht zu finden: Für diese Tiere ist die Fähigkeit, bei Gefahr weglaufen zu können, überlebenswichtig. Deswegen ist die Entwicklung ihrer Nervenbahnen darauf angelegt, dass sie genau dazu möglichst bald in der Lage sind. Rehe und Pferde sind »Laufspezialisten«, entsprechend ist ihr Hirn strukturiert. Andere Tiere haben andere Spezialitäten: Ein junger Wal kann sofort schwimmen, ein Meisenküken kann ziemlich bald fliegen, ein kleiner Maulwurf weiß bald, wie man sich unter der Erde orientiert und dort Futter findet.

Menschen hingegen sind Spezialisten für gar nichts – oder für alles: Sie sind Spezialisten fürs Denken, fürs bewusste Sich-Anpassen an alle möglichen Situationen. Und es hat sich gezeigt, dass die Nicht-Spezialisierung ein ziemlich erfolgreiches Konzept ist: Menschen können bestimmen, was Laufspezialisten wie die Pferde zu tun haben. Sie können sich von den aufs Fliegen spezialisierten Vögeln ein bisschen abschauen, wie das mit dem Fliegen funktioniert. Sie können aufs Schwimmen spezialisierte Delfine dressieren, damit sie Kunststücke vollführen.

## Nerven im Selbstgespräch

Menschen sind also schon bei der Geburt darauf vorbereitet, sich auf das Herstellen von Zusammenhängen und das

Verstehen zu spezialisieren. Voraussetzung dafür ist ein ganz bemerkenswertes Ungleichgewicht innerhalb des Gehirns. Eine beträchtliche Zahl von Nervenzellen in der Großhirnrinde ist zwar damit beschäftigt, zu erkennen, was die Augen sehen, zu fühlen, was die Finger ertasten, oder zu schmecken, was über die Zunge fließt. Weit größer allerdings ist die Zahl der Neurone, die keine Informationen von außen verarbeiten, sondern die sich nur untereinander austauschen.

Wahrscheinlich sind lediglich rund 0,1 Prozent der Nervenzellen in der Großhirnrinde mit der Außenwelt beschäftigt. Die restlichen 99,9 Prozent tun nichts anderes, als Informationen zu verarbeiten, die sie von anderen Neuronen erhalten. Der allergrößte Teil der Großhirnrinde befindet sich also sozusagen in einem dauernden Selbstgespräch.

Was zunächst nach einer bizarren Verschwendung von Nerven-Kapazitäten klingt, hat einen enormen Vorteil: Das ständige Hin- und Herreichen von Informationen erlaubt es dem Gehirn, aus einzelnen kleinen Erfahrungen große Zusammenhänge herzustellen. So schafft es das Gehirn zum Beispiel, in einem Bild einen Dalmatinerhund zu erkennen – obwohl sich die Flecken, aus denen das Hirn den Hund zusammensetzt, kaum von den Flecken unterscheiden, die die Umgebung des Hundes bilden. Und das Gehirn kann sich auf diesen Hund konzentrieren, wenn es ihn einmal erkannt hat.

Die Nervenzellen überlegen also sozusagen ständig: »Was *könnte* das denn sein, was wir hier wahrnehmen?« Die plausibelste Lösung wird dann vom Bewusstsein als Erkenntnis wahrgenommen: »So *ist* etwas.« Diese Strategie

Der Dalmatiner und sein Hintergrund unterscheiden sich
in fast nichts – doch das Gehirn kann den Informationen, die es
empfängt, einen Sinn zumessen und daher den Hund erkennen.

hat enorme Vorteile. Dadurch kann das Gehirn Fehler oder
Lücken in den Informationen, die es erhält, spielend korri-
gieren – auch hier zeigt sich ein wesentlicher Unterschied
zu Computern, die oft nach dem Prinzip »Ganz oder gar
nicht« funktionieren. Wie hervorragend das Gehirn Fehler
korrigiert, lässt sich schon beim Lesen eines Textes erkennen.

Es kmomt biepsielsweise nihct so sher drauaf an, dsas
Wröter rihcitg gecshirbeen snid, snodren es mssüen nur
die estren und ltzteen Bchutsaben krroekt sien, dnan
ekrnnet das Ghiren shcon zimeclih mhüelos, was ge-
minet ist.

Andererseits führt dieses ständige Interpretieren auch manchmal zu falschen Deutungen. So lassen sich optische Täuschungen erklären. Eine klassische optische Täuschung sieht beispielsweise so aus:

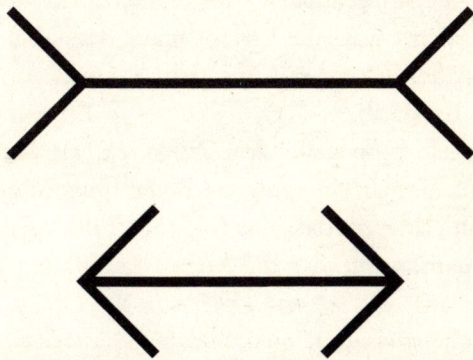

Hier halten die Betrachter den Strich oben für länger und den unten für kürzer – obwohl beide exakt gleich lang sind. Eine mögliche Erklärung findet sich in den Verarbeitungsmechanismen des Gehirns. Der eine Strich sieht so aus, wie es das Gehirn von den Ecken eines Raums gewöhnt ist: Von oben und unten laufen Linien auf die Enden des Strichs zu, so wie am Boden bzw. der Decke eines Zimmers. Weil das Gehirn diese Erfahrungsinformation zu der Linie dazugibt, wird diese Linie als »Zimmerecke« interpretiert, die ein Stück vom Betrachter entfernt liegt.

Wenn allerdings ein gleich langer Strich durch Linien ergänzt wird, die aus der anderen Richtung kommen, dann deutet das Hirn die Linie wie eine Kante in einer Mauer, die der Betrachter auf sich zukommen sieht. Der Betrachter glaubt also, die fünf Zentimeter lange »Mauerkante« sei näher an ihm dran als die fünf Zentimeter lange »Zimmerecke«. Aus der Erfahrung, dass weiter entfernte Dinge durch die Gesetze der Optik verkürzt bzw. verkleinert werden, geschieht im Gehirn nun Folgendes (so lautet zumindest eine Erklärung): Beide Linien sind zwar gleich lang, doch das Gehirn rechnet bei der vermeintlich weiter entfernt liegenden Linie eine Verlängerung dazu, bei der vermeintlich näher liegenden Linie zieht es etwas von der tatsächlichen Länge ab.

Das Gehirn kann auch gar nicht anders, als dem, was es wahrnimmt, immer eine gewisse Bedeutung zu geben. So lässt es sich erklären, dass das folgende Bild irgendwie zu *fließen* scheint, wenn man die Augen hin und her wandern lässt:

Das Gehirn versucht hier, eine Struktur in den Ovalen zu erkennen. Wenn der Betrachter die Augen über das Bild schweifen lässt, kann sich das Hirn allerdings nicht entscheiden, was es für wichtiger halten soll: die geraden

Linien, die sich erkennen lassen – oder die Kurven, die sich ebenso erkennen lassen. So scheint das Bild zu »fließen«.

Überaus faszinierend ist auch folgende optische Täuschung. Sie funktioniert so:

- Beim untenstehenden Bild die vier Punkte in der Mitte etwa eine halbe Minute fixieren.
- Anschließend auf eine größere weiße Fläche schauen, zum Beispiel eine Wand oder die Zimmerdecke.
- Dann »erscheint« ein Kreis – und in diesem Kreis erscheint nach einigen Sekunden ein Bild. Ein ganz besonderes Bild!

Die Erklärung ist folgende: Beim Fixieren der vier Punkte in der Bildmitte wird die Netzhaut durch die umliegenden hellen und dunklen Strukturen unterschiedlich erregt. Die Nervenzellen, die weiße Flächen wahrnehmen, fangen an, weniger stark zu »feuern«. Die Nervenzellen, die die dunkle Fläche wahrnehmen, feuern stärker. Das heißt, die Nervenzellen nehmen die sogenannte »Hell-Dunkel-Adaptation« vor. Diese Reaktion ist den Nervenzellen, die fürs Sehen zuständig sind, fest einprogrammiert. Sie macht es uns möglich, wenn wir aus dem Hellen in einen dunklen Raum gehen, dort nach einigen Minuten etwas zu erkennen, weil sich die Augen an die geringere Menge Licht gewöhnen, mit der sie auskommen müssen.

Wenn man den Reiz des Unterschieds von Hell und Dunkel von den Augen-Nervenzellen wieder wegnimmt, indem man auf eine gleichmäßig helle Fläche schaut, gibt es aber nun erst mal weiterhin eine Art »Echo« in den Nervenzellen: Sie haben sich noch nicht wieder umgestellt. Also liefern sie immer noch an das Gehirn eine bestimmte Information über den Unterschied von Hell und Dunkel – diesmal allerdings umgekehrt: Die vorher dunklen Eindrücke werden durch die Umstellung als »hell« gemeldet – und die hellen als dunkel. In diesem *Echo* erkennt das Gehirn nun jedoch nicht einfach nur ein sinnloses Muster von Hell und Dunkel, sondern es gleicht dieses Muster mit Bildern ab, die es vor langer Zeit schon gespeichert hat. Und das Gehirn gibt diesem eigentlich sinnlosen Nervenzell-Echo einen Sinn: In diesem Fall »Jesus Christus«.

## Ohne Verallgemeinerung
## kein menschliches Wesen

Raten und Verallgemeinern ist also etwas Typisches für das menschliche Gehirn. Und auch in anderer Hinsicht ist unser Kopf ein bisschen wischi-waschi. Wenn ein Baby auf die Welt kommt, ist sein Hirn alles andere als ausgereift. Unter Neurowissenschaftlern hat sich dabei in letzter Zeit eine erstaunliche Erkenntnis durchgesetzt: Dass das Gehirn eines Kleinkindes noch unreif ist und dass Kinder viele Jahre brauchen, um Laufen, Sprechen etc. zu lernen, bedeutet keinen Nachteil. Diese Unreife ist vielmehr Voraussetzung dafür, dass das Hirn später unglaublich komplexe Vorgänge bewältigen kann.

Es gibt zwar eine vorgegebene Struktur im Kopf: Alle Menschen haben an der gleichen Stelle das »Sehzentrum« oder das »Sprachzentrum«. Es gibt auch einen von der Natur vorgegebenen Zeitplan für das Erlernen bestimmter Fähigkeiten: Alle gesunden Kinder fangen zwischen dem zehnten und dem 15. Lebensmonat an, ihre ersten Schritte zu machen. Alle gesunden Kinder fangen während des zweiten Lebensjahres an zu sprechen. Das Hirn ist also darauf vorbereitet, *dass* es Sprache erwirbt. Jedes Kind ist auch darauf »programmiert«, dass es zu einem gewissen Zeitpunkt beginnt, seine ersten Worte zu sprechen und später die ersten Sätze zu formulieren.

Doch das Hirn ist völlig flexibel bei der Frage, *welche* Sprache ein Kind erlernt. Sarah wird 38 verschiedene Laute benutzen, um die Wörter ihrer deutschen Muttersprache zu artikulieren. Wäre sie bei einem afrikanischen Volk geboren, das die !Xu-Sprache spricht, hätte sie mühelos

141 verschiedene Laute erlernt, die diese Sprache nutzt, um Wörter zu bilden. Darunter sind Knack- und Kehllaute, die in den Ohren der deutschen Sarah völlig fremd klingen. (Schon den Namen der !Xu-Sprache kann sie nicht richtig aussprechen, denn das »!X« steht für einen Knacklaut, den nur jenes afrikanische Volk wirklich beherrscht.)

## Halbiertes Gehirn – dennoch funktionsfähig

Am Beispiel des Sprachenlernens zeigt sich auch eine Eigenschaft des Gehirns, die die Hirnforscher als *Neuroplastizität* bezeichnen. Die Neurone sind das ganze Leben lang in der Lage, neue Informationen aufzunehmen, neue Synapsen zu bilden, Synapsen zu verstärken und alte Synapsen zu kappen. Deshalb kann jeder gesunde Mensch auch in hohem Alter durchaus noch eine neue Sprache erlernen. Es gelingt zwar nicht mehr so gut wie im Kindesalter, denn bestimmte Fähigkeiten werden oft nur in einem gewissen Zeitfenster besonders gut erlernt. Doch das Hirn friert nicht irgendwann komplett ein. Das Geflecht der Nervenzellen bleibt bis zum Schluss dynamisch. Jede neue Erfahrung verändert das Netzwerk, die eine Erfahrung mehr, die andere weniger. Auch dieses Buch zu lesen verändert also die Gehirne seiner Leser!

Wie anpassungsfähig das Gehirn ist, zeigt sich an chirurgischen Eingriffen, die Ärzte in seltenen Fällen vornehmen, um Kindern zu helfen, die an epileptischen Anfällen leiden. Bei solchen Kindern kann es sinnvoll sein, einen beträchtlichen Teil des Großhirns zu entfernen, mitunter wird eine komplette Hälfte herausoperiert bzw. stillgelegt. Damit können die Mediziner oft erreichen, dass die epileptischen Anfälle aufhören. Es kommt zwar vor, dass die Kinder später Schwierigkeiten mit dem Gedächtnis oder beim Sprechen haben. Doch es geschieht auch nicht selten, dass die verbleibenden Teile des Gehirns die Funktionen der herausgeschnittenen Hirnregionen ohne allzu große Probleme übernehmen.

## Action, bitte!

Zurück zu Sarah: Sie nimmt also vom ersten Moment an Informationen in sich auf. Doch sie ist nicht nur passiv, sie *tut* auch vom ersten Moment an verschiedenste Dinge. Das Gehirn erteilt lebenswichtige Befehle wie »Ein- und Ausatmen«. Das Mädchen fängt an zu saugen, wenn ihr etwas an die Lippen gehalten wird – der Saugreflex funktioniert sogar schon vor der Geburt. Bei Ultraschalluntersuchungen während der Schwangerschaft können Mütter ihre Babys immer mal wieder dabei ertappen, wie sie bereits im Bauch am Daumen lutschen.

Als der Kinderarzt des Krankenhauses Sarah am Tag nach der Geburt untersucht, stellt er zufrieden fest, dass bei der Neugeborenen auch andere Reflexe vorhanden sind: Als der Doktor seinen Finger an Sarahs Handfläche hält, greift die Kleine zu – so fest, dass der Arzt das Kind ein wenig nach oben ziehen kann. Aber nicht nur die Hände verfügen über diesen Greifreflex. Wenn der Arzt die Fußsohlen berührt, beugen sich die Zehen nach vorn, als ob sie etwas greifen wollten. Diese Greifreflexe sind wahrscheinlich ein Erbe unserer Vorfahren vor vielen Millionen Jahren, für die das Greifen mit Händen und Füßen überlebensnotwendig war, um Halt im Fell ihrer Mutter oder auch an einem Ast zu finden.

Reflexe gehören zu den grundlegendsten Funktionsweisen des Gehirns und des Rückenmarks: Es ist keinerlei bewusster Wille im Spiel. Daher ist es eigentlich Unsinn, zu sagen, ein Torwart habe »gute Reflexe«. Denn wenn jemand einen Ball sieht und blitzschnell nach ihm springt, ist das genau *kein* Reflex, sondern einfach eine schnelle bewusste Bewegung.

Die echten Reflexe haben zum einen in früheren Zeiten der Entwicklungsgeschichte der Menschen eine überlebenswichtige Rolle gespielt. Daneben helfen sie dem Gehirn aber auch, bewusste Bewegungen einzuüben: Ein Baby, das monatelang reflexhaft nach allem greift, was ihm angeboten wird, trainiert die Abläufe, die im Kopf und in den Nervenbahnen nötig sind, um etwas in die Hand zu nehmen. Wenn es jetzt noch zusätzlich lernt, wieder loszulassen, beherrscht das Kind alles, was es können muss, um zum Beispiel etwas aufzuheben und von einem Ort zu einem anderen zu bringen.

## Schaden macht klug – manchmal zumindest

Sarah lernt also Tag für Tag. Manches lernt sie allerdings erst durch schmerzhafte Erfahrung. Ihre Eltern warnen sie zwar immer wieder vor verschiedenen Gefahren, beispielsweise davor, dem Herd zu nahe zu kommen. Als sie zwei Jahre alt ist, hebt sie eines Tages dennoch den Arm, um auch diesen faszinierenden Apparat anzufassen, an dem ihre Mutter und ihr Vater immer den leckeren Kartoffelbrei kochen, den Sarah so liebt. Sie patscht also auf die noch heiße Herdplatte.

In diesem Moment geschehen in Sarahs Nervenbahnen einige ganz bemerkenswerte Dinge. Die Hitze der Herdplatte wird von bestimmten Rezeptoren in ihrer Haut, den *Nozizeptoren*, in das Signal »Schmerz« übersetzt. Eine spezielle Sorte von Nervenfasern, die Informationen besonders eilig transportiert, gibt dieses Signal blitzschnell weiter. Noch bevor das Signal im Gehirn ankommt, sorgt es schon an einer vorgeschalteten Stelle im Rückenmark für eine Reaktion: Das Schmerzsignal der einen Nervenzellen sorgt dafür, dass andere Nervenzellen erregt werden, die dafür zuständig sind, Bewegungsbefehle an die Muskeln zu erteilen. Dadurch zieht Sarah ihre Hand blitzschnell zurück, ohne dass sie darüber auch nur einen Sekundenbruchteil nachdenken muss. Sie reißt die Hand durch diese reflexhafte Reaktion sogar zurück, bevor das Schmerzsignal in ihrem Gehirn angekommen ist, das heißt, noch bevor sie es *bewusst* wahrnimmt.

Das Zurückzucken ihrer Hand kann allerdings nicht verhindern, dass sich Sarah die Haut verbrennt. Die Verbrennung sorgt dafür, dass die Nozizeptoren jetzt ununterbrochen ein Schmerzsignal an das Gehirn senden – ein Signal, das so unangenehm ist wie nichts anderes, das Sarah bis dahin erlebt hat. Von diesem Moment an ist in Sarahs Kopf für den Rest ihres Lebens die Erfahrung des Schmerzes mit der heißen Herdplatte verknüpft. Im Gehirn werden aber bald bestimmte körpereigene Stoffe den Schmerz lindern. Die *Endorphine* blockieren die Wahrnehmung des Schmerzes im Gehirn und helfen Sarah, das eigentliche Schmerzempfinden zu vergessen.

Schmerz ist also eine fürs Überleben wichtige Empfindung. Deshalb kann es auch passieren, dass eine bestimmte Körperregion über einen gewissen Zeitraum hinweg für Schmerzen immer empfindlicher wird. Denn wenn der erste Schmerzreiz einfach nicht verschwindet, wertet das Gehirn diesen Schmerz als Hinweis auf einen besonders gefährlichen Zustand, vor dem der Körper geschützt werden muss. Die Nervenzellen in der gesamten Umgebung des ersten Schmerzreizes werden deshalb leichter reizbar, um die mögliche Gefahr genauestens zu überwachen.

Nun kann es geschehen, dass der eigentliche Schmerzreiz verschwindet. Doch die Nervenzellen haben ein sogenanntes »Schmerzgedächtnis« ausgebildet. Sie sind so empfindlich geworden, dass auch allergeringste Reize vom Gehirn als Schmerz wahrgenommen werden. Der Schmerz kann auf diese Weise selbst zur Krankheit werden.

Es gibt immerhin eine Behandlungsmöglichkeit für solche Patienten. Bestimmte künstlich hergestellte Präparate, die *Morphine*, wirken sehr ähnlich wie die körpereigenen Schmerzhemmer – die Endorphine. Daher lässt sich mit Morphinen in einem gewissen Maß der Teufelskreis des Schmerzgedächtnisses durchbrechen. Allerdings können solche Schmerzmittel süchtig machen (siehe Kapitel 6).

## Wenn der Geist erwacht

Sarah hat dieses Problem glücklicherweise nicht. Bei ihr klingt – auch dank ihrer Endorphine – der Schmerz der

Verbrennung bald ab, sie speichert das Erlebnis als außergewöhnliche, aber erträgliche Begebenheit in ihr Gedächtnis. Und wenn sie ihren Opa das nächste Mal sieht, wird sie ihm davon erzählen, wie sie sich am Herd wehgetan hat. Denn um den zweiten Geburtstag herum setzt bei Sarah etwas ein, was Wissenschaftler die »grammatikalische Explosion« nennen. Das Mädchen beginnt Sprache so zu verstehen und einzusetzen, wie es nur Menschen können. Als Säugling hat Sarah schon mit etwa sechs Monaten einzelne Laute geäußert. Dann sprach sie einzelne Worte nach. Sarah verstand stets mehr, als sie selbst sprechen konnte. Dabei hat sie schon sehr früh eine ganz bemerkenswerte Fähigkeit ausgebildet: Aus dem in den Ohren eines Babys diffusen Mischmasch von Lauten, aus denen sich Sprache zusammensetzt, begann sie einzelne Sinneinheiten abzugrenzen. Während jemand, der lesen kann, ganz klar die Grenze zwischen einzelnen Wörtern erkennt (schließlich ist dort eine Lücke), muss ein Kleinkind die Abgrenzung von verschiedenen Sinneinheiten erst einmal verstehen lernen.

Beim Erwerb von Sprache gehen Kleinkinder völlig anders vor, als es Jugendliche und Erwachsene tun, wenn sie eine neue Sprache lernen. Man kann sich folgendes Bild vorstellen: Nehmen wir an, die Sprache, wie sie Sarah als Jugendliche einmal beherrschen wird, wäre eine Pyramide. Dann würden an der Basis dieser Jugendlichen-Sprache große Blöcke liegen, und an der Spitze wären kleine Klötzchen. Um die Pyramide zu errichten, setzt Sarah in den Jahren nach ihrer Geburt eine bestimmte Strategie ein: Sie benutzt zunächst sozusagen ein »Sieb« mit ziemlich großen Löchern, in dem nur die grundlegenden »großen«

Begriffe liegen bleiben – zum Beispiel »Mama«, »Ball«, »Auto«, »Brei«.

Nur diese Worte, mit denen Sarah auch sehr oft konfrontiert wird, hört sie aus der Sprache der Erwachsenen heraus. Daraus baut sie die Basis ihrer Sprache. Wenn diese Basis errichtet ist, bedient sie sich eines immer feineren Siebes, um immer komplexere Eigenschaften der Sprache zu erkennen und selbst zu verwenden. Das Gehirn arbeitet also auch hier eben *nicht* wie ein Computer, bei dem eine Programmiersprache erst komplett installiert sein muss, damit die Maschine laufen kann. Das Hirn sucht sich vielmehr Stück für Stück, was es braucht, um arbeiten zu können. Und es nutzt immer genau das an Fähigkeiten, was es zu einem bestimmten Zeitpunkt bereits gelernt hat. Sobald Sarah schließlich das Sprechen halbwegs beherrscht, verfügt sie über eine Fähigkeit, die sie selbst von den klügsten Tieren ganz wesentlich unterscheidet: Sie kann sich weit intensiver mit ihren Artgenossen, den anderen Menschen, austauschen als irgendein anderes Lebewesen.

## Ich weiß, was du vorhast!

Eine wichtige Voraussetzung, um sich – auch ohne Sprache – in andere Menschen hineinzuversetzen, nutzt Sarah schon als Kleinkind: eine besondere Art von Nervenzellen, die »Spiegelneurone«. Die Funktion dieser Zellen haben Neurowissenschaftler erst vor wenigen Jahren entdeckt und genauer erforscht. Und es war eine überaus faszinierende Entdeckung. Spiegelneurone »feuern« dann, wenn ein Mensch beobachtet oder auf andere Weise nachvollzieht, was ein anderer Mensch tut. Und zwar feuern sie dabei im gleichen Muster, das auftritt, wenn der Beobachter selbst die entsprechende Handlung ausführen würde.

Wenn Sarah beispielsweise als Einjährige beobachtet, dass ihr Vater einen Ball vom Boden aufhebt und in die Spielzeugkiste legt, dann folgt sie nicht nur einfach mit ihren Augen jedem Zentimeter der Bewegungen ihres Vaters. Sie schaut schon zur Spielzeugkiste, *bevor* ihr Vater den Ball dort ablegt. Denn Sarahs Spiegelneurone vollziehen das, was ihr Vater tut, imaginär nach. Dabei werden auch in Gehirnarealen, die für tatsächlich ausgeführte Bewegungen zuständig sind, Nervenzellen aktiviert – obwohl Sarah ihren Arm gar nicht bewegt. Doch weil sie die Bewegungen ihres Vaters sieht, »spiegelt« sie sie in ihrem Inneren wider.

Diese zunächst noch recht beschränkte Fähigkeit, sich in jemand anderen hineinzuversetzen und im Gegensatz dazu die eigene Rolle in der Welt zu verstehen, muss die ein- bis zweijährige Sarah noch deutlich ausbauen. Erst wenn sie drei ist, entwickelt sie ein volles Bewusstsein dafür, dass sie *Sarah* ist – und nicht mit dem Rest der Welt irgendwie verschmolzen. Sie kann von diesem Moment an »ich« sagen und begreift wirklich, was dieses Wort bedeutet. In der Zeit um ihren dritten Geburtstag herum beginnt sie auch damit, lang anhaltende Erinnerungen an das aufzubauen, was mit ihr und um sie herum geschieht (siehe auch Kapitel 10).

Niemand erinnert sich an seine eigene Geburt oder an die Geschenke, die er zum zweiten Geburtstag bekommen hat. Daran, wie im Kindergarten ein Rohrbruch alles unter Wasser gesetzt hat, oder an den großen Plüschhasen, den sie zum vierten Geburtstag bekommt und der jahrelang ihr Lieblingsspielzeug bleibt, wird sich Sarah hingegen selbst als Erwachsene noch erinnern.

Sarahs Hirn verfügt um diese Zeit herum also schon über die verschiedensten Fähigkeiten. Sie kann sich selbst jetzt auch von außen betrachten, und sie kann nachvollziehen, was andere Menschen wahrnehmen. Sehr kleine Kinder glauben beispielsweise noch, man könne sie nicht sehen, wenn sie sich die Augen zuhalten oder ihren Kopf hinter einem Tuch verstecken. Als Vierjährige erkennt Sarah jedoch, dass es beim Versteckspielen keine sonderlich gute Strategie ist, wenn sie ihren Kopf unter einem Kissen verbirgt und der Rest ihres Körpers sichtbar bleibt. Sie weiß nun endlich, dass das, was sie selbst sieht, und das, was andere sehen, nicht identisch ist.

## »Ich will! Ich will!! Ich wiiiilllll!!!«

Spätestens ab ihrem dritten bis vierten Lebensjahr kann Sarah aber nicht nur denken und sagen »Ich bin« – sie kann auch denken und sagen »Ich *will*«. Und sie kann feststellen, dass das, was *sie* will, nicht unbedingt das Gleiche ist, was ihre Mutter, ihr Bruder oder ihre Spielkameraden wollen. Im sogenannten »Trotzalter« bringt Sarahs neuer eigener Wille ihre Eltern manchmal fast zur Verzweiflung. Und für sie selbst bedeutet diese Zeit ein Meer von Tränen.

Beispielsweise an jenem Tag, an dem sie die rote Hose anziehen soll, die bis gestern noch ihre Lieblingshose war. Doch heute *will* sie sie nicht anziehen. Nicht um alles in der Welt. Sie wirft sich auf den Boden und schreit, dass sie nicht die rote, sondern die blau-weiß gestreifte Hose anziehen will. Die ist in der Wäsche, erklärt ihr die Mutter und versucht sie zu beruhigen. Doch jedes einzelne Wort von ihr treibt Sarah nur noch tiefer in ihre Raserei. Sie schluchzt, trommelt mit den Fäusten aufs Parkett und kann sich nicht beruhigen. Das ist kein Charakterfehler. Ihr Hirn muss vielmehr erst noch lernen, mit dem neuen eigenen Willen umzugehen. Aus ihrer Verzweiflung kommt Sarah erst heraus, als ihre Mutter – wie ganz nebenbei – anfängt, mit ihr über ihr neues Feuerwehrauto zu sprechen. Mit noch verweinten Augen wendet sie sich dem Auto zu und tut das, was sie in diesen Jahren am liebsten tut: Sie spielt.

## Ohne Spiel kein Verstand

Für Sarah ist Spielen kein Mittel gegen Langeweile, sondern der Inhalt ihrer Tage. Und Spielen ist Nahrung für ihre Nerven. Im Spiel probiert Sarah aus, wie die Welt sein *könnte*. Und Sarah macht ihre Welt so, wie sie möchte, dass sie ist. Sie baut sich ein Schloss aus Legosteinen. Sie stellt sich vor, dass es in diesem Schloss brennt. Sie holt ihr Feuerwehrauto, löscht mit imaginärem Wasser und rettet die Prinzessin, die im Schloss wohnt. Doch die Schlossmauern haben durch das imaginäre Feuer schwere Schäden erlitten, so dass Sarah voller Begeisterung alles wieder dem Erdboden gleichmacht.

Was ihr Gehirn dabei trainiert, kann man gar nicht alles aufzählen: Sarah übt, nach kleinen Bausteinchen zu greifen und sie geradezu kunstvoll zusammenzusetzen. Sie übt, etwas so zu bauen, dass es nicht wieder einstürzt – dabei trainiert sie auch ihre Vorstellung vom dreidimensionalen Raum. Sie übt, sich auf etwas zu konzentrieren. Sie trainiert ihr Hirn, sich Dinge und Situationen vorzustellen, die in der Wirklichkeit gar nicht existieren.

Spielen heißt also lernen. Und auch wenn es manche Eltern angesichts ihrer vermeintlich lernunwilligen Schulkinder nicht glauben mögen: Das Gehirn *kann* gar nicht anders, als ständig zu lernen. Nur *was* es lernt, ist von Mensch zu Mensch verschieden. Der eine lernt mehr über Geometrie, der andere lernt mehr über die Benutzung einer Spielekonsole. Der eine lernt Klaviersonaten von Mozart. Der andere lernt beim dauernden Hören seines MP3-Players Rap-Texte auswendig. Doch jeder lernt. Ständig.

# 4

# CHAOS IM KOPF

## Warum die Pubertät oft so anstrengend ist

Kay versteht es nicht. Er versteht es einfach nicht. Alexander hat ihn *langweilig* genannt. Er hat ihn als Streber beschimpft. Alex, der seit dem Kindergarten sein bester Freund war, mit dem er Nachmittage lang gespielt hat, Fahrrad gefahren ist, sich Verstecke im Wald gesucht hat – dieser Alex will jetzt nichts mehr mit ihm zu tun haben.

Schon seit einigen Monaten ist es schwieriger geworden zwischen ihnen. Alex trägt inzwischen nur noch schwarze Klamotten, fährt in spezielle Läden, um sich ein ganz spezielles Outfit zusammenzustellen. Kay interessiert sich nicht sonderlich für Hosen, Hemden, T-Shirts. Er trägt das, was seine Mutter ihm kauft und hinlegt. Alex hat sich auch eine neue Frisur zugelegt – in Kays Augen eine eher mäßig gelungene Kopie des Haarschnitts, den *Tokio-Hotel*-Sänger Bill ganz am Anfang seiner Karriere trug. Außerdem hört Alex den ganzen Tag *Rammstein*. Musik, mit der Kay nicht viel anfangen kann.

Und dann kommt es eines Nachmittags zu einem Streit, wie ihn Kay bis dahin nie erlebt hat. Er besucht seinen Freund, es ist zunächst ganz harmlos wie früher, Alexanders Mutter stellt ihnen zwei Becher mit Saft hin und lässt nebenbei eine Bemerkung fallen. »Nimm dir ein Vorbild an Kay«, sagt sie zu ihrem Sohn. »Der spinnt nicht so rum wie du.« Als sie aus dem Zimmer ist, rastet Alex völlig aus. Als »unerträglichen Langweiler« beschimpft er seinen ältesten Freund, als »angepassten Kriecher«. Plötzlich verlässt er das Zimmer, schlägt die Tür hinter sich zu. Kay bleibt zurück, wartet einige Minuten, geht schließlich nach Hause – und versteht beim besten Willen nicht, was eigentlich los ist.

## Nervenzellen neu gemischt

Was Kay nicht weiß: Alex ist tatsächlich nicht mehr der Gleiche. Denn in seinem Kopf geschehen Dinge, die dafür sorgen, dass er kein Kind mehr ist, aber auch noch kein Erwachsener. In Alexanders Gehirn finden Veränderungen statt, die zum Programm gehören, das jeder Mensch beim Erwachsenwerden durchläuft. Beim einen gehen sie etwas früher los, wie bei Alex, bei anderen etwas später, wie offenbar bei Kay. Ab etwa dem elften Geburtstag bei Mädchen und rund ein Jahr später bei Jungs heißt es im Gehirn: Die Karten werden neu gemischt. In diesem Fall sind es natürlich eher die Verbindungen der Nervenzellen, die neu gemischt werden.

In diesem Alter vollziehen sich dramatische Veränderungen, die die Neurowissenschaftler erst seit einigen Jahren wirklich zu verstehen beginnen. Nach der Geburt hat das Hirn zunächst rund zwei Jahre lang unglaublich viele Verknüpfungen zwischen verschiedenen Nervenzellen hergestellt (siehe Kapitel 3). Allerdings ist dabei ein ziemlicher Wildwuchs dieser *Synapsen* entstanden. Deshalb werden ab dem zweiten Lebensjahr erst einmal wieder Milliarden von Synapsen gekappt, die das Kind nicht oder nur selten aktiviert. Andere häufig benutzte Verbindungen hingegen, über die Bilder, Geräusche, Gerüche, Gefühle oder Bewegungen übertragen werden – alles, was die Welt ausmacht –, verfestigen sich und werden immer stabiler. Zwischen dem zweiten und dem zehnten Lebensjahr tut sich also ungeheuer viel im Kopf, doch das Grundmuster bleibt das Gleiche: Die wichtigen Verbindungen werden verstärkt, die unwichtigen gekappt.

Mit dem Beginn der Pubertät geschieht im Hirn jedoch etwas Neues: Es werden wieder, wie rund zehn Jahre zuvor, neue Synapsen geknüpft. Einen Unterschied zur Kleinkind-Zeit gibt es allerdings. Im Kopf eines Einjährigen entstehen die Verbindungen mehr oder minder ziellos. Bei Jugendlichen sieht die Sache anders aus. Hier strebt das Verbindungen-Knüpfen auf ein ganz konkretes Ziel hin: Ein bestimmter Teil des Denkorgans, das *Frontalhirn*, soll in nächster Zeit die Kontrolle übernehmen. Und dafür trifft das Hirn die Vorbereitungen.

## Ein neues Steuerzentrum

Beim Kind laufen Fühlen, Wollen, Wütendsein im Wesentlichen noch über Regionen des Gehirns, die die Vorfahren des Menschen schon vor vielen Millionen Jahren ausgebildet haben: Tief innen im Gehirn sitzt das *limbische System*. Diesen Teil des Gehirns haben die Menschen, sehr überspitzt gesagt, mit den Dinosauriern und den Affen gemeinsam. In diesem System spielt wiederum ein abgegrenzter Teil von wenigen Zentimetern Durchmesser eine besondere Rolle. Die *Amygdala*, auf Deutsch »Mandelkern«, ist der Bereich, in dem das Hirn Eindrücke wie Gerüche, Geräusche, Bilder verarbeitet. Hier macht der Kopf aus nüchternen Informationspaketen emotionale Erfahrungen. Hier wird also aus der technischen Meldung »Molekül xy ist auf Rezeptor z gestoßen«, die über die Nervenbahnen eintrifft, eine sinnliche Wahrnehmung: »Das Eis riecht nicht nur nach Schokolade, es schmeckt auch so.«

In der Pubertät jedoch bekommt der Mandelkern Konkurrenz. Das Frontalhirn begnügt sich nicht mehr damit, im Kopf weit vorn zu sein, es beginnt auch, sich in anderer Hinsicht in den Vordergrund zu drängen. Die Stelle, an der das Hirn Informationen emotional verarbeitet, zieht innerhalb des Kopfes um – so lassen sich die Ergebnisse beschreiben, die Wissenschaftler in den letzten Jahren durch bestimmte Untersuchungsmethoden herausgefunden haben. Jugendliche wie auch Erwachsene wurden in Magnetresonanztomographen (MRT) gelegt, um sie zu durchleuchten und beobachten zu können, welche Teile des Gehirns besonders aktiv sind, wenn die Augen bestimmte Bilder wahrnehmen. So wurde beiden Gruppen zum Beispiel ein Gesicht gezeigt, das eindeutig Angst ausstrahlt.

Bei Kindern und Jugendlichen zeigten die MRT-Bilder, dass die Nervenzellen im Mandelkern feuerten, dass also an dieser Stelle des Gehirns die Botschaft ankam: »Hier

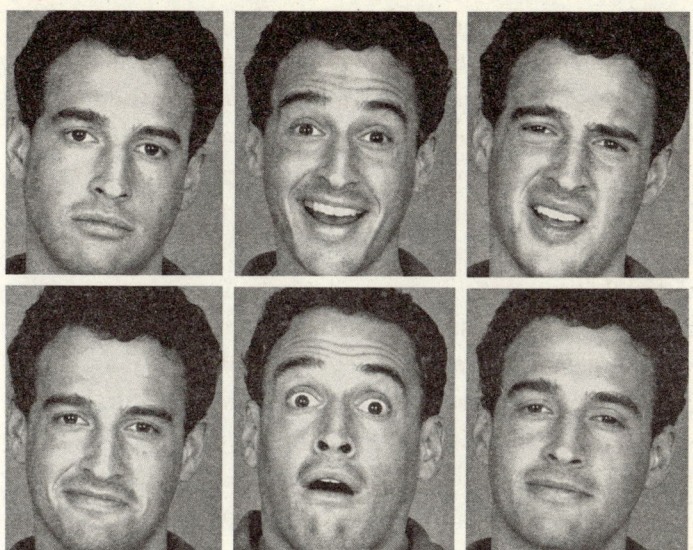

Beim Erkennen von Stimmungen sogenannter »Ekman-Gesichter« (benannt nach dem US-Forscher Paul Ekman), sind bei Jugendlichen andere Gehirnregionen aktiv als bei Kindern oder Erwachsenen.

hat ein Mensch Angst.« Bei Erwachsenen feuern beim Anblick des gleichen Bildes die Nervenzellen zusätzlich auch im Frontalhirn. Und vermutlich feuert das Frontalhirn nicht nur gleichberechtigt mit dem Mandelkern, es steuert vielmehr die Auswertung von Informationen. Der Ort, an dem das Gehirn Emotionen verarbeitet, wird also im Zuge des Erwachsenwerdens innerhalb des Kopfes verlagert, glauben die Neurowissenschaftler. So erklärt sich auch, warum im Leben von Teenagern mitunter ziemliches Tohuwabohu herrscht. Ein Umzug ist eben meist mit etwas Chaos verbunden.

Damit dieser Umzug möglich wird, braucht das Hirn jedoch erst einmal eine neue Straße. In diesem Fall besteht sie nicht aus vielen kleinen Schottersteinen, sondern aus unglaublich vielen neuen Synapsen. So wie sich in Alexanders und Kays Köpfen schon einmal etwa zwölf Jahre zuvor Milliarden neuer Verknüpfungen gebildet haben, fangen bestimmte Nervenzellen jetzt wieder an, miteinander in Kontakt zu treten.

Diese Erkenntnis hat die Neurowissenschaftler dazu gezwungen, ihre Lehrbücher zu überarbeiten. Jahrzehntelang haben Professoren ihren Studenten erzählt, dass in der Grundschulzeit die Entwicklung des Gehirns abgeschlossen sei. Nachdem Zehnjährige die wirklich wichtigen Verbindungen in ihrem Hirn ausgebildet und andere, unwichtige Verbindungen gekappt hätten, sei in dieser Hinsicht das Wichtigste gelaufen, dachte man. Doch das war falsch.

Auch Mediziner und Biologen haben natürlich schon immer mitbekommen, dass sich junge Menschen in der Pubertät so sehr verändern wie in keinem anderen Lebensalter. Sie bekommen Pickel. Jungs wachsen Haare im Gesicht und an anderen Stellen des Körpers, die bis dahin von solchem Bewuchs verschont geblieben waren; ihre Stimme schlägt plötzlich Kapriolen zwischen Quieken und Brummen. Mädchen brauchen einen BH und bekommen ihre Tage. Wodurch diese Veränderungen ausgelöst werden, hatten Wissenschaftler im Lauf des 20. Jahrhunderts bis ins Detail untersucht: Geschlechtshormone sorgen dafür, dass aus einem Kinderkörper ein Erwachsenenkörper wird. Diese Botenstoffe überschwemmen die Jugendlichen geradezu vom Scheitel bis zur Sohle und verteilen an die Zellen von den Barthaarwurzeln der Jungs bis zu den Milchdrüsen-zellen der Mädchen Befehle, wie sie sich zu verändern haben.

Bis vor wenigen Jahren galt die Pubertät aber als eine Zeit, in der ausschließlich der Körper umgebaut wird und das Gehirn von diesem Umbau eigentlich nicht mehr betroffen ist. Gewisse Auffälligkeiten im Verhalten von Teenagern, über die Erwachsene schon seit Jahrtausenden Klagelieder singen, wurden immer auf das Durcheinander geschoben, das eine Hormonumstellung mit sich bringt. Und tatsächlich sorgen die Sexualhormone dafür, dass Teenager in Gefühlswallungen geraten, die sie vorher nie kannten. Denn diese Hormone, die der Körper erst ab dem Pubertätsalter bildet, verteilen nicht nur Befehle beim Umbau des Körpers, sie wirken auch auf die Gefühls-zentrale im limbischen System des Gehirns.

Doch die Hormone sind bei weitem nicht alles. Inzwi-schen haben die Wissenschaftler mit MRT-Untersuchun-gen einen so guten Einblick in die Köpfe von Teenagern gewinnen können, dass zweifelsfrei feststeht: Bei Jugend-lichen nimmt in bestimmten Bereichen des Frontalhirns die Hirnsubstanz immer weiter zu, und zwar bis über den 20. Geburtstag hinaus. Es sind also nicht nur Hormone, die die Pubertät zu einer Achterbahn der Gefühle machen, sondern grundlegende Veränderungen in der Verschaltung des Gehirns.

Die neuen Verschaltungen im Hirn begnügen sich aber nicht damit, einfach nur da zu sein. Sie wollen genutzt werden. Jugendliche suchen deswegen aktiv nach neuen Erfahrungen, die intensive Gefühle auslösen: Laute Musik, Alkohol, Rasen mit dem Auto oder dem Moped, Gewaltvideos ansehen ebenso wie Lovestorys, Herumstänkern gegen Erwachsene, Glück, Rausch, Angst, Ärger – all das ist *Input*, den das renovierte Gefühlssystem im Gehirn gierig aufsaugt.

Intensive Erfahrungen helfen jungen Menschen also dabei, die neue Struktur ihres Hirns in gewisser Weise zu trainieren. Es gibt aber Hinweise darauf, dass Jugendliche auch wegen anderer Veränderungen in ihrem Gehirn viele Dinge schriller, lauter, abgedrehter lieben, als es bei den meisten Erwachsenen der Fall ist.

## Zwischen Couchpotato und Gummiball

Eine Hirnregion, die nach Ansicht von Wissenschaftlern am sogenannten *Belohnungssystem* beteiligt ist, ist bei Jugendlichen noch nicht so aktiv wie bei älteren Menschen. Dieser *Nucleus accumbens* ist der Ort, an dem das Hirn Glücksgefühle austeilt, ebenso wie Motivation – aber auch Lustlosigkeit, wenn der Nucleus auf niedrigen Touren läuft. Und genau das scheint bei Teenagern der Fall zu sein, so haben es Untersuchungen der letzten Jahre gezeigt: Ihr Nucleus accumbens ist noch nicht komplett ausgereift.

Das könnte erklären, warum es Kays Freund Alex zurzeit so verteufelt schwerfällt, für eine Bio-Schulaufgabe zu lernen, obwohl er eigentlich *weiß*, dass das besser wäre. Es könnte aber auch erklären, warum Alex dann, wenn er wirklich etwas geboten bekommt, Himmel und Hölle in Bewegung setzt: um beispielsweise das Geld für Karten für ein *Rammstein*-Konzert zu besorgen, die Karten aufzutreiben, hinzufahren. Um dann endlich *wirklich* laute Musik zu hören, eine *echte* Bühnenshow mit *echtem Feuer* in jeder Hinsicht zu erleben.

Was Alex, Kay – und alle ihre Altersgenossen – dabei vielleicht ahnen, aber nicht wirklich wissen: Sie fühlen sich nicht nur auf einer Reise, sie sind tatsächlich unterwegs in eine neue Gefühlswelt. Denn die neue Ordnung und Unordnung im Kopf bewirkt nicht nur, dass sie Dinge tun, die ihren Eltern manchmal eigentümlich erscheinen. Dieser Umbau ermöglicht den jungen Leuten Gefühle, die Kinder *so* nicht kennen: Echte Einfühlsamkeit mit Menschen, denen Schlimmes widerfahren ist; echtes Mitleid mit hungernden Kindern in Somalia oder Peru; echte Sorge um die Zerstörung von Regenwäldern, obwohl die viele tausend Kilometer entfernt sind.

Dieser Umbau weckt in Jugendlichen aber auch eine ganz neue Form von Kreativität. Auch Kinder sind über die Maßen kreativ, sie bauen voller Begeisterung eine Legoburg nach der anderen oder malen so viele Bilder, dass ihre geplagten Eltern gar nicht mehr wissen, wo sie die Kunstwerke verstauen sollen. Die Kreativität von Jugendlichen und jungen Erwachsenen bekommt jedoch eine neue Qualität. Wenn sie Bilder malen, dann sollen es solche sein, in denen etwas von ihrer eigenen Persönlichkeit steckt.

Oft sind es natürlich nicht Bilder, mit denen Jugendliche ihre innersten Gefühle ausdrücken wollen, sondern sie drücken sich vielleicht durch eine ganz spezielle Art der Kleidung aus, durch eine besondere Frisur, durch die eigene Art zu tanzen, zu reden, seine Freunde zu begrüßen. Die Zeit zwischen etwa 13 und 19 ist das Alter, in dem junge Menschen besonders großen Wert darauf legen, etwas *Eigenes* zu schaffen, etwas *Eigenes* darzustellen.

Die Art von Kreativität, die Jugendliche entwickeln, ist also anders als die Kreativität von Kindern. Und es ist die Kreativität, die es den Menschen ermöglicht, ihre Lebenswelt immer weiter fortzuentwickeln. Neue Musik, neue Forschungsansätze in der Wissenschaft, neue Erklärungen über den Sinn des Lebens – all das schafft das Hirn nicht im Kindesalter, sondern erst ab der Pubertät.

Die Fähigkeit, neue, intensive Gefühle zu durchleben, ist also kein Selbstzweck. Diese Gefühle sind vielmehr die Voraussetzung, um verantwortungsvolle Entscheidungen treffen zu können und um kreativ zu sein. Das Dumme dabei ist nur: In der Zeit, in der Jugendliche von ihren Gefühlen hin und her gewirbelt werden, ist ihre Fähigkeit, die eigenen Unternehmungen richtig einzuschätzen, noch nicht hundertprozentig entwickelt. Deswegen unternehmen Jugendliche manchmal Dinge, von denen sie erst Jahre später merken, dass sie eigentlich reichlich riskant waren. Und es dauert etliche Jahre, bis Begeisterung und Trauer, Wut und Verständnis, Angst und Freude in ein Gleichgewicht kommen, das das Leben wieder etwas leichter macht, als es zwischen zwölf und 20 manchmal ist – einige Wissenschaftler sind sogar der Ansicht, dass die geistige Pubertät erst um den 30. Geburtstag herum wirklich abgeschlossen ist.

## Lebe wild und gefährlich

Vielleicht würde es Kay trösten, wenn er wüsste, dass es im Grunde ausgesprochen wichtig für seinen ehemals besten Freund Alex ist, sich auszuprobieren und auch seinen

Gefühlen freien Lauf zu lassen. Kay aber steht erst mal sprachlos vor dem, was da abläuft. Ebenso wie es ihn sprachlos macht, dass andere Freunde sich so viele Piercing-Nadeln ins Gesicht stecken, dass ihnen der Kopf bald nach vorn kippt; dass alte Kumpels obercool werden und davon träumen, Gangster-Rapper zu werden, alle Texte von *Sido*, *Bushido* und *Massiv* auswendig lernen; dass Mädchen fast unerträglich albern werden, andererseits aber in Tränen zerfließen, wenn ihr Favorit bei *Popstars* oder *DSDS* rausfliegt; oder dass alle zusammen ständig Stress mit ihren Eltern haben. Kay fragt sich deswegen manchmal, ob er noch normal ist: Mit seinen Eltern versteht er sich gut, auch mit den Eltern seiner Freunde kommt er zurecht.

Was Kay vielleicht trösten könnte: Er ist ein Beleg dafür, dass die Entwicklung der verschiedenen Gehirne so verschieden verläuft, wie die Menschen eben sind. Der eine durchlebt die Pubertät als wilden Sturm und Drang. Der andere erlebt sie eher als einen sanften, doch dafür ständig wehenden Wind.

# 5

# RAUSCH OHNE DROGEN

## Was Liebe alles anrichten kann

Tim kann nicht glauben, was er da in der Zeitung liest. Einen Moment lang denkt er, sein Englisch sei doch nicht gut genug, um die Tageszeitung *Guardian* zu bewältigen. Seit der zweiten Woche seines Sprachaufenthalts hat er sich angewöhnt, beim Frühstück diese Zeitung zu lesen. Doch das, was da auf der Wissenschaftsseite steht, erscheint Tim abstrus: Wissenschaftler hätten Paare beim Sex mit einem Positronen-Emissions-Tomographen (PET) durchleuchtet. Als Männer und Frauen sich gegenseitig per Hand zum Orgasmus brachten, hätten die Forscher festgestellt, dass sich Lustgefühle an bestimmten, genau definierbaren Orten im Gehirn abspielen.

Mit einem leicht angewiderten Zug um die Lippen legt Tim die Zeitung zur Seite. Mit seinen 16 Jahren hat er bislang zwar noch keine eigenen Erfahrungen mit Sex. Aber seit einigen Tagen glaubt er zum ersten Mal zu wissen, was es heißt, wirklich verliebt zu sein. Und was dabei in welchen Regionen des Gehirns passieren mag, interessiert ihn momentan überhaupt nicht.

Es lässt sich allerdings nicht bestreiten: Als Tim sich in Cinzia verliebt hat, die mit ihm den gleichen Sprachkurs besucht, ist in seinem Kopf einiges passiert, was sich durchaus auch wissenschaftlich beschreiben ließe. Liebe lässt sich wohl nicht ganz und umfassend mit wissenschaftlichen Methoden erfassen. Vielleicht lässt sie sich nicht einmal annähernd mit wissenschaftlichen Methoden erklären. Aber einiges, was sich im Hirn dabei tut, können Forscher seit einigen Jahren wenigstens *beschreiben*.

## Gefühle im Ausnahmezustand

Die Art und Weise, wie die Liebe über Tim und Cinzia kam, ist durchaus typisch. Sie waren beide in einer Ausnahmesituation: zum ersten Mal ohne Familie im Ausland, auf Sprachkurs. Der junge Deutsche und die junge Italienerin mussten sich in einem fremden Land, in einer fremden Sprache zurechtfinden. Alle ihre Sinneskanäle waren maximal geöffnet, beide standen ein wenig unter Stress. In solchen Momenten sind Menschen oft besonders offen dafür, intensive Gefühle auf jemand anderen auszurichten, also auch dafür, sich zu verlieben.

Cinzia fiel Tim schon in der ersten Vorstellungsrunde auf. Jahrelang wird er sich an jedes Detail dieses Moments erinnern. Er kann nicht anders, als Cinzia dabei zu beobachten, wie sie immer wieder leicht hektisch mit der Hand durch ihre rötlich gefärbten Haare streift. Das Mädchen aus Genua redet viel im Unterricht, mit ihrem speziellen italienischen Akzent, aber Tim interessiert sich nicht für ihre Worte, sondern vor allem für den Klang ihrer Stimme und für die dünnen Silberarmreife, die an ihrem Handgelenk klimpern.

Und ohne dass es Tim bewusst ist, fasziniert ihn ihr Duft, als sie in der Pause in einer Gruppe nebeneinander stehen – eine Mischung aus Cinzias eigener Duftpersönlichkeit und einem Parfüm, das sie aufgetragen hat. Tim ist in diesem Moment verwirrt. Was er nicht weiß: Sein Hirn reagiert gerade auf die vielleicht ursprünglichste Weise, die ihm zur Verfügung steht. Nicht nur Cinzias Anblick, ihre Stimme, ihre Bewegungen faszinieren ihn. Nichts geht schneller und direkter in das Gefühlssystem des Gehirns als Gerüche. Vom oberen Ende der Nase führen kleine Fädchen in das sogenannte Riechhirn, das über einen nur wenige Zentimeter langen Nervenstrang direkt ins limbische System mündet – wo viele Gehirnfunktionen, die mit Gefühlen zu tun haben, angesiedelt sind.

So kann Rosenduft ohne jeden Umweg über das Bewusstsein Glücksgefühle auslösen, der Gestank von Verdorbenem Brechreiz erzeugen. Und der Geruch eines jungen Mädchens kann mit dazu beitragen, bei einem Jungen bis dahin ungekannte Emotionen zu wecken – und umgekehrt. Es hat sich gezeigt, dass Menschen, die sich zueinander hingezogen fühlen, einander meist auch gern riechen. »Jemanden nicht riechen können« ist eine Reaktion, die ganz unmittelbar im Kopf geschieht. Auch Cinzias Duft trägt jedenfalls dazu bei, Tims Gefühle gegenüber diesem Mädchen zu verändern, und das in Bruchteilen von Sekunden.

# Ein Kuss mit Folgen

Endgültig um Tim geschehen war es dann nach einer Zugfahrt nach London. Ihr Lehrer hatte einen Ausflug ins Theater organisiert, an dem nur eine Handvoll Schüler teilnehmen wollte. Cinzia war auch mit dabei. Sie saß auf der Hin- und auf der Rückfahrt neben Tim. Insgesamt fast vier Stunden lang haben sie ununterbrochen geredet. Sie hat ihm geschildert, dass sie etwas bewegen wolle, dass sie bei den Protesten gegen den G8-Gipfel in ihrer Heimatstadt Genua dabei war, obwohl sie da erst 14 Jahre alt gewesen sei. Und Tim hat Cinzia in seinem gebrochenen Englisch von Gedanken erzählt, über die er mit noch niemand anderem gesprochen hatte: wie er die Welt sieht, die Menschen, den Sinn des Lebens. Es war ihm gar nicht peinlich, wie es bei seinen Freunden in Deutschland oder seiner Mutter gewesen wäre. Und Cinzia hörte ihm zu und erzählte von sich und ihrer Sicht auf die Welt. Zum Abschied gab sie ihm einen Kuss auf die Wange. Einen sehr zärtlichen, wie Tim fand.

Als Tim am nächsten Tag den Unterrichtsraum seiner Sprachschule betritt, ist er enttäuscht. Cinzia ist nicht da. Als er in der Pause mit den anderen Sprachschülern über dies und das plaudert, fühlt er aber plötzlich zwei Hände auf seinem Gesicht. Das kann nur Cinzia sein, die ihm da von hinten die Augen zuhält. Er dreht sich um, und sie umarmt ihn sofort. Der Druck, den er am Morgen noch in seinem Bauch gefühlt hatte, wird zu einem merkwürdigen Schwirren.

## Kopf und Körper im Ausnahmezustand

Tims Körper ist äußerlich völlig ruhig, er steht da wie ein Baum – doch in ihm ist alles in Bewegung, vor allem in seinem Kopf. Verschiedene Bereiche seines Hirns laufen auf Hochtouren. Neurowissenschaftler sind sich inzwischen ziemlich sicher: Sich verlieben ist nicht nur ungeheuer aufregend, sondern es stecken auch ungeheuer komplizierte Vorgänge im Gehirn und im gesamten Körper dahinter. Während manche Hirnfunktionen vor allem über einen bestimmten einzelnen Ort laufen, ist die Verliebtheit ein Zusammenspiel verschiedenster Areale mit unterschiedlichen Aufgaben.

Schon bei der ersten Berührung durch Cinzia wird Tim von Reizen geradezu überflutet. Über die Haut seines Gesichts fühlt er die Wärme ihrer Hände, die leichte Feuchtigkeit auf ihren Handflächen, die Anschmiegsamkeit ihrer Finger, mit denen sie auch über seine Wimpern und Augenbrauen fährt. Umgehend wird ein besonderer Stoff freigesetzt: Das sogenannte »Verliebtheitshormon« Phenylethylamin (PEA) verbreitet im gesamten Körper seine Botschaft. Der reagiert sofort. Tims Herz schlägt schneller, die Lungenbläschen dehnen sich aus, die Blutgefäße entspannen sich, der Körper wird wärmer. Dadurch beginnt Tim leicht zu schwitzen. Der für ihn typische Geruch wird intensiver. Bei Cinzia geschieht dasselbe.

Gerade noch hat Tim Cinzias Hände gespürt, jetzt sieht er sie, riecht ihren Duft. Und in seinem Hirn herrscht maximale Betriebsamkeit. In einigen Regionen des Gehirns explodiert geradezu die Aktivität der Nervenzellen, so haben es jüngste Forschungen ergeben. Wissenschaftler haben nicht nur untersucht, welche Hormone durch die Körper von Verliebten branden, sie haben auch Männer und Frauen in Kernspintomographen gelegt, um herauszufinden, welche Hirnregionen beim Anblick des oder der Geliebten besonders aktiv sind. Immerhin: Nicht nur der pure Sex ist Gegenstand von neurowissenschaftlichen Forschungen, sondern auch die romantische Liebe.

Diese Untersuchungen haben einiges an Erkenntnissen gebracht. Generell sprechen Hirnforscher gern davon, dass Neurone »feuern« – bei der Verliebtheit ist es ein besonders intensives Feuer, das entfacht wird. Die Nervenzellen treten ja auf verschiedenen Wegen miteinander in Kontakt, elektrisch und chemisch. Bei dem, was jetzt gerade in Tims Hirn passiert, spielt vor allem *ein* chemischer Stoff eine wichtige Rolle, mit dessen Hilfe die Nervenzellen sich austauschen: das Dopamin. Es gehört zu einer ganzen Reihe von Überträgerstoffen, also den Neurotransmittern, mit denen die Neurone untereinander kommunizieren.

## Der Lohn der Liebe

Das Dopamin spielt seine Rolle als Informationsträger in verschiedenen Regionen des Gehirns. Dort, wo es um Bewegungen geht, über die man nicht groß nachdenken muss, wie zum Beispiel Treppensteigen, ist Dopamin im Spiel. Ebenso in Regionen, wo die Psyche zu Hause ist. Im Gehirn von Verliebten finden sich nun Regionen, bei denen die Informationsübertragung vor allem über Dopamin läuft, zu einer besonderen Art von Konzert zusammen. *Belohnungssystem* nennen Wissenschaftler gerne dieses Zusam-

Der Comic-Zeichner Albert Uderzo zeigt hier typische Merkmale der Verliebtheit: Obelix' gesamte Wahrnehmung ist auf die von ihm angebetete Falbala gerichtet, die Abläufe in seinem Kopf sorgen für einen Zustand, der psychischen Erkrankungen ähnelt.

menspiel verschiedener Teile des Gehirns. Das Zusammenspiel hat in der Alltagssprache einen einfachen Namen: Glück.

Es sind ganz verschiedene Situationen, in denen das Belohnungssystem in Bewegung gerät. Wer Erfolg bei einem Computerspiel hat, kann oftmals schwer aufhören, ebenso wie jemand, der im Casino am Roulettetisch sitzt. Denn das Belohnungssystem treibt einen immer weiter. Aber auch manche Drogen wie Kokain wirken direkt auf dieses System (siehe Kapitel 6). Bei jemandem, der verliebt ist, ist es nicht der Kick eines gewonnenen Glücksspiels, eines Highscores auf dem Computerbildschirm oder einer chemischen Droge, was Glücksgefühle auslöst. Es ist der Anblick der geliebten Person, der das Belohnungssystem in Gang setzt. Und was Verliebte ganz besonders spüren (und was Tim in nächster Zeit schmerzhaft durchmachen wird): Wer einmal erfahren hat, wie angenehm es ist, wenn das Belohnungssystem läuft, der möchte dieses Gefühl erst einmal immer wieder erleben.

Glück ist natürlich alles andere als eine simple Abfolge von chemischen Stoffen, die an verschiedenen Stellen des Gehirns ausgestoßen und wieder aufgenommen werden. Aber die Erkenntnisse der Neurowissenschaftler zeigen auf, dass bei Glücksgefühlen und vor allem beim Verliebtsein ein ganzer Cocktail von bestimmten Überträgerstoffen eine herausragende Rolle spielt: Noradrenalin, Oxytocin, Endorphine begleiten in einem komplizierten Zusammenspiel Lust- und Glücksgefühle. Sie sind sozusagen die Saiten, die schwingen müssen, damit die Musik der Liebe erklingen kann.

Daneben spielt bei der Verliebtheit auch Serotonin eine wichtige Rolle, das oft als Glückshormon bezeichnet wird. Anders als man zunächst erwarten würde, findet sich im Hirn von Verliebten aber eher weniger Serotonin als bei Menschen im Normalzustand. Man könnte also denken, dass Verliebte weniger glücklich sind. Und tatsächlich ist ihr Gehirn in einer ähnlichen Verfassung wie das von Menschen, die unter Zwangskrankheiten leiden. So wie manche Menschen ständig kontrollieren müssen, ob der Herd aus ist, oder sich ständig die Hände waschen, so muss Tim in diesen Tagen immer an Cinzia denken.

Gleichzeitig wird im Hirn von Verliebten die Rolle von Regionen zurückgedrängt, die mit negativen Gefühlen verbunden sind oder die man üblicherweise einsetzt, um andere Menschen kritisch zu beurteilen. Auch Teile des Gehirns, die für die Lösung komplizierter Aufgaben zuständig sind, laufen langsamer. Tim wird das bei der ersten Chemie-Schulaufgabe nach seiner Rückkehr nach Deutschland schmerzhaft bemerken. Alles in allem erlebt Tim gerade, was mit dem Begriff »liebeskrank« gemeint ist.

In diesem Moment, in dem er Cinzia auf dem Hof der Sprachschule breit übers ganze Gesicht anstrahlt, wären Tim solche Erklärungen über das, was in seinem Gehirn abläuft, herzlich egal. Er ist nur glücklich über jedes Wort, das er mit Cinzia reden kann. Und er ist glücklich, dass sie ihn fragt, ob er mit ihr ins Kino gehen möchte. Tim würde in diesem Moment jedem Neurowissenschaftler den Vogel zeigen, der ihm etwas über Neurotransmitter und feuernde Nervenzellen erzählen wollte. Doch eines könnte auch Tim nicht leugnen: In seinem Hirn sieht es anders aus als noch einige Monate zuvor.

Dieses Anders-Sein in seinem verliebten Kopf zeigt sich auf vielfältigste Weise. Im Magnetresonanztomographen können Wissenschaftler nachweisen, welche Hirnregionen in welcher Weise aktiv sind. Sie können aber nicht Erfahrungen beschreiben, die Tim ganz allein macht: den geradezu körperlichen Schmerz, als er sich nach dem Unterricht von Cinzia verabschiedet; die kribbelnde Vorfreude auf den gemeinsamen Abend. Und die Begriffe der Neurowissenschaftler reichen nicht aus, um zu erklären, warum Tim an diesem Nachmittag zum ersten Mal in der Bibliothek der Sprachschule an die Regalreihe mit Gedichtbänden geht, um in einigen Büchern zu blättern. Die Sprache der Wissenschaft genügt auch nicht, um zu beschreiben, was in Tim passiert, als er ein Liebesgedicht von William Shakespeare aufschlägt:

*Shall I compare thee to a summer's day?*
*Thou art more lovely and more temperate*
*Rough winds do shake the darling buds of May*
*and summer's lease hath all too short a date.*

Sein Englischlehrer in Deutschland hatte Tim und seinen Mitschülern dieses Gedicht schon einmal nahezubringen versucht, mit mäßigem Erfolg. Und auch in einem Buch über Sprache, das ihm seine Tante einmal geschenkt hat, hatte etwas über die verschiedenen Übersetzungsmöglichkeiten gestanden: »Soll ich dich einem Sommertag vergleichen? Anmutiger gemäßigter bist du« – oder so ähnlich, erinnerte sich Tim. Richtigen Zugang zu dem Shakespeare-Gedicht hatte er bislang aber nicht bekommen. Jetzt jedoch hat er das Gefühl, zu *verstehen*, was der Engländer vor vier Jahrhunderten aufgeschrieben hat.

Wobei man vermuten darf, dass Shakespeare die Liebe, die er beschrieb, ein bisschen anders empfand als Tim seine Gefühle. So hat der Dichter sein Gedicht einem Mann gewidmet, während Tim für ein Mädchen glüht – doch das ist wieder ein ganz anderes Thema. Ob und – wenn ja – welche Unterschiede es im Hirn von Heterosexuellen und Homosexuellen gibt, ist unter Neurowissenschaftlern heiß umstritten.

Den ganzen Nachmittag ist Tim voller Vorfreude auf den Abend. Und die Vorfreude ist nicht unbegründet. Nach dem Kino ist es so weit: Er erlebt seinen ersten echten Kuss. Wenn Neurowissenschaftler jetzt untersuchen könnten, was sich in seinem und Cinzias Körper abspielt, kämen sie beim Protokollieren kaum hinterher. Als die beiden ihre Lippen aneinanderschmiegen, bricht in ihren Köpfen eine Flut los, verschiedenste Regionen springen an: *Vegetative* Teile des Gehirns, über die komplett unbewusste Körperreaktionen ablaufen, sorgen wie am Vormittag bei der Begrüßung auf dem Pausenhof dafür, dass im Körper Hormone ausgeschüttet werden, die das Herz schneller schlagen lassen, den Atem beschleunigen, die Schweißporen öffnen.

So wie bei Dominosteinen, die einer den nächsten umwerfen, läuft auch hier eine rasante Kettenreaktion ab: Die *Hypothalamus*-Region des Hirns, die sonst für lebenswichtige Körperfunktionen wie Wärmeregulation oder Hunger und Durst zuständig ist, gibt den Befehl an die Hirnanhangdrüse: »Freisetzungshormone ins Blut ausschütten!« Diese Hormone wandern blitzschnell übers Blut in die Geschlechtsorgane und sorgen dafür, dass dort andere Hormone, nämlich Geschlechtshormone, freigesetzt werden: Testosteron und Östrogen.

Doch auch die sogenannten »höheren« Regionen des Gehirns arbeiten auf vollen Touren. Beim Kuss wird das »Liebesmolekül« PEA ausgeschüttet, und sofort rührt das Hirn einen Liebescocktail aus den Botenstoffen Dopamin, Noradrenalin, Serotonin, Oxytocin und den Endorphinen an. Teile des Gehirns, die für Glücksgefühle und Belohnung zuständig sind (die Amygdala und der Nucleus accumbens), sorgen dafür, dass Tim den Kuss als die angenehmste Erfahrung wahrnimmt, die er bis dahin gemacht hat. Und sie sorgen dafür, dass Tim diese Erfahrung nicht wieder vergessen wird. Der Kuss wird an das Kurzzeitgedächtnis im *Hippocampus*-Teil des Hirns gegeben und gleichzeitig als praktisch unauslöschliche Erinnerung ins Stirnhirn geschrieben. Weil die Erinnerung an diesen Moment ab jetzt immer wieder auch eine Erinnerung an über die Maßen angenehme Gefühle ist, wird Tim das Erlebnis mit Cinzia so oft wie möglich wiederholen wollen. Doch jetzt verabschiedet sie sich erst mal von ihm: »That was not too bad«, sagt sie lächelnd mit ihrem italienischen Akzent und verschwindet hinter der Tür.

Mit einer Mischung von Gefühlen, die ihm völlig neu sind, geht Tim nach Hause. Die neue Liebe zu Cinzia wird ein Teil seiner Persönlichkeit werden, ihn also prägen. Denn Tims Hirn ist ja in einer Phase, in der sich neue Erfahrungen besonders stark auch in neuen Verknüpfungen von Nervenzellen niederschlagen. Er wird sich immer an den Sommer seiner ersten großen Liebe erinnern, der an diesem Abend beginnt.

Allerdings besteht dieser Abend keineswegs nur aus purem Glück, er verwirrt Tim auch zutiefst. Als 16-Jähriger kennt er natürlich eine Erektion. Doch diese Art von sexueller Erregung und Lust durch den körperlichen Kontakt zu Cinzia ist für ihn völlig neu. Und was meinte sie mit »Das war gar nicht schlecht«? Tim liegt noch lange auf seinem Bett, bis er einschlafen kann.

Auch Cinzia liegt an diesem Abend lange wach. In ihrem Kopf schwirrt es. Dieser Tim ist nett, irgendwie süß. Sie hatte das Gefühl, dass er alles versteht, was sie ihm im Zug stundenlang erzählt hat. Auch ihn zu küssen war schön. Es ist wieder Verliebtheit, was sie da spürt. Doch es ist anders als bei ihrem vorherigen Freund. Giulio war ja auch drei Jahre älter als sie, mit ihm hat sie vor einem Jahr zum ersten Mal geschlafen, und danach immer mal wieder. Bis sie gemerkt hat, dass Giulio von dem, was sie unter Liebe versteht, nicht viel hält. Er hatte immer etwas mit anderen Mädchen laufen. Nachdem sie endgültig geklärt hatte, dass es mit ihnen nichts würde, war sie bereit, sich wieder für jemanden zu öffnen. Und dieser Jemand kam schneller, als sie gedacht hatte.

Die besonders Nüchternen unter den Neurowissenschaftlern würden Cinzias Zustand möglicherweise auf eine Art beschreiben, die sie nun mehr als widerlich fände: Verliebtsein bringt das Belohnungssystem in Gang, könnte eine Erklärung lauten. Und dieses Belohnungssystem will entweder in Gang bleiben oder immer wieder in Gang gebracht werden. Erst bei längeren Liebesbeziehungen geht der Gefühlshaushalt in eine stabile, ruhigere Phase über, in der der »Kick« des Belohnungssystems keine so große Rolle mehr spielt. Grundsätzlich aber gilt: Wer als frisch Verliebter erfahren hat, wie herrlich Verliebtheit ist, der kann eine Trennung schwer ertragen – und will den Zustand des Verliebtseins wiederherstellen.

So ließe sich (wissenschaftlich betrachtet) erklären, dass sich Cinzia auf eine Beziehung einlässt, von der sie, wenn sie ihre Vernunft einschaltet, ziemlich sicher weiß, dass sie auf Dauer nichts werden kann. Doch erst einmal schiebt sie alle Vernunft beiseite, verbringt mit Tim einige schöne Wochen, macht mit ihm gemeinsam intensive Erfahrungen: vom romantischen Eisessen übers schüchterne Knutschen am Flussufer bis zum ersten Miteinanderschlafen an einem Abend, als Cinzias Zimmerwirtin nicht da ist.

Tim ist bei diesem für ihn ersten Mal so aufgeregt, dass ihm der Bericht über die Paare, die im Dienst der Wissenschaft ihre Köpfe in einen Positronen-Emissions-Tomographen stecken, endgültig völlig abstrus erscheint. Aber es gibt diese Paare, und dank ihrer Mithilfe haben Forscher beobachten können, was in den Körpern und Köpfen eines Liebespaares beim Sex abläuft. Es hat sich dabei gezeigt, dass ein ähnlicher Sturm losbricht, wie ihn Tim schon beim ersten Kuss erlebt hat. Zusätzlich werden Substanzen im Hirn ausgeschüttet, die Drogen sehr ähnlich sind: Die Stoffgruppe der Endorphine wirkt wie Opium oder Morphium – aber auch das Hormon Oxytocin beflügelt die Gefühle.

Ob Männer und Frauen Sex auf einer neurochemischen Ebene unterschiedlich erleben, darauf haben die Wissenschaftler keine klaren Antworten. Bei Cinzias und Tims erstem Mal gibt es für sie keinen Zweifel, dass sie es unterschiedlich erlebt haben. Tim kommt zu früh. Und Cinzia gar nicht. Er ist ihr dankbar, dass sie nur lacht und ihn tröstet. Aber schon beim zweiten Mal ist es für beide wunderschön. Was Tim dabei noch nicht ahnt: Es ist das letzte Mal. Denn einige Wochen später, als er sie nach dem Sprachkurs in Italien besucht, macht Cinzia Schluss mit ihm.

## The first cut is the deepest –
## but I'll try to love again

Das wiederum ist so ziemlich die größte Katastrophe, die Tim bis dahin erlebt hat. Er hatte zwar gewusst, dass es nicht leicht werden würde, eine Freundschaft zwischen Deutschland und Italien aufrechtzuerhalten. Aber so weit war Genua nun auch nicht entfernt, und in einem Jahr hätte er sein Abi und würde notfalls vielleicht in Italien studieren können, hatte er sich ausgemalt. Jetzt aber sagt Cinzia: »It's over.«

Wenn in diesem Moment ein Neurowissenschaftler käme und Tim dazu ein paar Takte übers Gehirn erzählen wollte, würde der ihn vielleicht nicht nur rauswerfen, sondern dem Forscher gar an die Gurgel gehen. Was aber nichts daran ändert, dass Wissenschaftler auch für das Ende einer Liebe Erklärungen parat haben: Es könnte, ganz nüchtern betrachtet, sein, dass bei Cinzia der Kick der Verliebtheit nicht mehr ausreicht, um das Dopamin-Belohnungssystem ihres Hirns in Gang zu halten. Eine denkbare wissenschaftliche Erklärung wäre, sie muss sich von Tim trennen, um einige Wochen oder Monate später durch eine neue Verliebtheit den Rausch der Gefühle wieder erleben zu können.

Tim hingegen reicht sein Dopamin-Spiegel noch aus, er würde weiter auf dem Glücksteppich schweben, wenn Cinzia bei ihm bliebe. Nach ein bis zwei Jahren würde dann der Gefühlshaushalt der beiden in eine andere Phase übergehen, wenn sie zusammenblieben. Der Überschwang des Anfangs würde durch gegenseitiges Vertrauen, Verlässlichkeit, aber auch Gewöhnung ersetzt.

Doch so weit kommt es nicht. Durch Cinzias Entscheidung reißt der Nachschub für Tims Belohnungssystem grausam ab. Er fühlt sich so dreckig wie noch nie in seinem Leben. Der Neurowissenschaftler könnte ihm jetzt einen Ratschlag erteilen (den Tim sicherlich nicht würde hören wollen): »Das Belohnungssystem lässt sich auch anders füttern!« Es gibt dazu bessere und schlechtere Futtermittel: Drogen, Alkohol, Computerspiele, Sport – oder eine neue Liebe.

# 6

# KÜNSTLICHES GLÜCK

## Wie Drogen das Gehirn verändern

*Angst.* Katja begreift zum ersten Mal in ihrem Leben, was dieses Wort bedeutet. Sie fürchtet sich nicht vor irgendetwas Bestimmtem, als sie an diesem Morgen aufwacht. Sie hat einfach eine namenlose Angst, die alles in ihrem Innern zusammenkrampft. Sie möchte davonlaufen, doch sie fühlt sich wie gelähmt. Sie möchte heulen, doch selbst dazu fehlt ihr die Kraft. Sie fängt an zu zittern, verkriecht sich unter der Bettdecke. Einen Moment lang will sie um sich schlagen, als sie spürt, wie jemand die Decke zurückzieht und sie anfasst.

Dann merkt sie, dass es Joey ist, der sie in den Arm nimmt. Es wird wieder etwas klarer in ihrem Kopf. Die undurchdringliche Dunkelheit lichtet sich ein wenig. Joey bringt ihr ein großes Glas mit einem Iso-Drink und eine Tablette eines Beruhigungsmittels. Sie wird ruhiger, und sie erinnert sich, was mit ihr am Abend zuvor passiert ist.

## Nerven im Rausch

Es war der mit Abstand spektakulärste Club-Abend, den sie je erlebt hatte. Nach einem Tequila-Bier beschloss sie, dass sie auch einmal so tief in die Party eintauchen wollte, wie sie es bei Joey in den letzten Wochen beobachtet hatte. Seit gut drei Monaten waren sie jetzt zusammen, und sie hatte festgestellt, dass er nicht nur vorgab, ein verwegener Kerl zu sein. Er *war* verwegen. Er war nicht nur fünf Jahre älter als sie, sondern auch wirklich erfahrener. Unter anderem kannte er sich mit »Glücklichmachern« aus, wie er sie nannte.

Diesmal hatte Katja sein Angebot angenommen, schon früh am Abend einen »Happy« einzuwerfen, wie Joey die Pille getauft hatte. In die Centstück-große mattweiße Tablette war ein Smiley eingeprägt. Katja konnte eine halbe Stunde später tatsächlich gar nicht mehr anders als die ganze Zeit zu grinsen. Zum ersten Mal fühlte sie sich völlig eins mit den hundert oder zweihundert anderen Leuten im Club. Die Musik durchdrang jede Faser ihres Körpers. Sie hatte das Gefühl, das, was Joey zu ihr sagte, nicht bloß zu hören und dem Inhalt nach zu begreifen. Es war, als ob sie ihn erstmals wirklich *verstand*. Auch seine Freunde, die er ihr vorstellte, waren keine Fremden für sie. Katja fühlte sich ihnen so nahe, als ob sie ihre Gedanken lesen könnte.

Sie tanzte zwei Stunden, drei Stunden ohne Unterbrechung. Wie lang es war, merkte sie gar nicht. Sie hatte kein Gefühl mehr für Zeit, denn sie brauchte keine Pause mehr, um durchzuatmen. Wie von einem Blitzlicht erhellt, zuckte eine Erkenntnis durch ihren Kopf: *Sie konnte alles schaffen.* Es gab keine Zweifel mehr in ihr, an nichts.

# Tückische Glücklichmacher

Bereits im Jahr 1887 haben Wissenschaftler zum ersten Mal im Labor eine Chemikalie namens Amphetamin hergestellt. Seither hat dieser Grundstoff eine erstaunliche Entwicklung durchgemacht. Eine deutsche Pharmafirma hat das Präparat Anfang des 20. Jahrhunderts ursprünglich als Appetitzügler vermarktet. Später wurden bestimmte Amphetamin-Varianten wie Metamphetamin (auch als »Speed« bekannt) in verschiedenen Staaten an Soldaten verteilt. Das amerikanische Militär zum Beispiel gab Speed-Tabletten an Bomber-Besatzungen aus, damit sie den ganzen Flug über voll konzentriert bleiben konnten.

Gesteigerte Aufmerksamkeit, keine Müdigkeitsgefühle, höhere Konzentrationsfähigkeit – solche Effekte erzielen Amphetamine, weil sie auf die Kreisläufe bestimmter Botenstoffe im Gehirn einwirken. Der Neurotransmitter Dopamin wird in größerer Menge ausgeschüttet, was die Wachheit aller Sinne steigert. Gleichzeitig verstärkt diese Form der Dopamin-Ausschüttung bestimmte Gefühle, oftmals Glücksgefühle. Dabei tritt das Dopamin in ein Wechselspiel mit dem Serotonin, das durch das Amphetamin ebenfalls in wesentlich größerer Menge ausgeschüttet wird.

Besonders stark tritt dieser Effekt bei einer speziellen Amphetamin-Sorte auf: Methylen-Dioxy-Metamphetamin, besser bekannt als XTC oder Ecstasy. Es entleert die Speicher, in denen im Gehirn der »Glücks«-Botenstoff Serotonin sozusagen eingelagert ist. Das Besondere dabei: Ecstasy entleert diese Speicher nicht langsam, wie es das Gehirn gewöhnt ist, sondern auf einen Schlag. Katja hat bei ihrem Abend im Club erfahren, wie eine solche Serotonin-Ausschüttung das Erleben verändern kann: vermeintlich unbegrenzte Energie, Verständnis für alle.

Am nächsten Morgen erlebt sie aber auch die Kehrseite dieser Droge: Die Serotonin-Speicher werden durch das Ecstasy nicht nur sehr schnell entleert, es dauert auch ungewöhnlich lange, bis das Hirn sie wieder auffüllt. Solange die Serotonin-Speicher leer sind, ist allerdings der Gefühlshaushalt aus dem Gleichgewicht. Angst, Depressionen, Niedergeschlagenheit können die Folge sein.

## Kleine Moleküle – große Wirkung

Künstlich hergestellte Drogen wie Ecstasy sind nur ein kleiner Teil der bunten Vielfalt von Stoffen, die das Gehirn von außen intensiv stimulieren können. Schon lange bevor »Designerdrogen« wie die Amphetamine erfunden wurden, hatten Menschen in allen Teilen der Welt Pflanzen als Rauschmittel genutzt. Die Bewohner Südamerikas nutzen schon seit Jahrhunderten Blätter des Koka-Strauchs, den Mezcal-Kaktus, oder spezielle Pilze, um sich zu berauschen. In Ostafrika ist die Qat-Pflanze eine Alltagsdroge. In Asien ist Schlafmohn schon lange eine Kulturpflanze. In Europa und Asien ist Alkohol seit Jahrtausenden Teil des Gesellschaftslebens.

Vor allem ab dem 19. Jahrhundert haben dann Chemiker begonnen, verschiedenste Stoffe aus Pflanzen zu isolieren, um daraus ausgesprochen starke Rauschmittel herzustellen: Opium, Morphium und Heroin aus der Schlafmohn-Pflanze; Kokain aus dem Koka-Strauch; Meskalin aus dem Mezcal-Kaktus. Bei allen diesen Drogen, deren Besitz heute streng verboten ist, hat es erstaunlich lange gedauert, bis ihre schädlichen Wirkungen in der ganzen Breite erkannt worden sind.

So wurde Morphium Anfang des 19. Jahrhunderts mit einer heute nicht mehr vorstellbaren Leichtfertigkeit als Schmerzmittel eingesetzt. Als die Ärzte schließlich erkannten, dass Morphium süchtig macht, haben Pharmakologen nach einem weniger gefährlichen Ersatz gesucht. Und sie fanden einen. Weniger gefährlich war er allerdings nicht, im Gegenteil. Die Wissenschaftler entwickelten Heroin als Medikament, um Morphium-Süchtigen zu helfen, auch wenn das heute grotesk anmuten mag.

Der Umgang mit vielen Drogen, deren Besitz heute unter Strafe steht, war früher insgesamt völlig anders als heute. Opium wurde im frühen 19. Jahrhundert in manchen Gesellschaftskreisen Englands fast so selbstverständlich konsumiert wie heute Alkohol: Es gab Opium-Pastillen, Opium-Pralinen, Opium-Weine. Auch Kokain galt als völlig ungefährlicher Stimulationsstoff. Es gab nicht nur Liköre frei zu kaufen, denen Kokain zugesetzt war. Auch Coca-Cola enthielt anfangs tatsächlich Kokain. Die Droge sollte die erfrischende Wirkung des braunen Gebräus verstärken.

Opium, Morphium, Heroin – sie haben nicht nur ihre Herkunft von der Schlafmohnpflanze gemeinsam, sie wirken auch auf ähnliche Weise. Die Moleküle dieser *Opiate* docken an bestimmte Rezeptoren der Nervenzellen an. Diese Rezeptoren sind eigentlich so ausgestattet, dass sie gewisse Stoffe erkennen, die der Körper selbst herstellt, um Schmerzen zu unterdrücken. Denn grundsätzlich ist es zwar überlebenswichtig, dass das Hirn Schmerz empfin-

Der Umgang mit heute verbotenen Drogen war früher weit unbekümmerter: In den ersten Jahren nach seiner Erfindung enthielt Coca-Cola Inhaltsstoffe des Koka-Strauchs.

det – der Kopf muss schließlich sofort wissen, wenn ein Körperteil gerade geschädigt wird, und er muss wissen, wie groß der Schaden ist (siehe Kapitel 3). Doch es gibt Situationen, in denen Schmerz hinderlich ist: Wer eine gefährliche Situation zu bewältigen hat, der muss seine komplette Energie und Konzentration darauf richten können, entweder zu fliehen oder das Problem, in dem er steckt, zu lösen: In solchen »Kampf oder Flucht«-Situationen wäre es ungünstig, zu viel Schmerz zu spüren. Deswegen produziert das Hirn in solchen Momenten Stoffe, die ähnlich aufgebaut sind wie die Opiate. Diese »*endo*genen« (selbst

Im 19. Jahrhundert waren weite Teile der chinesischen
Bevölkerung drogenabhängig – eine Illustration aus dieser
Zeit zeigt eine »Opium-Höhle«.

hergestellten) *Morphine* – kurz *Endorphine* – unterdrücken
den Schmerz sehr effektiv.

Opium, Morphium und Heroin wirken allerdings viel
stärker als die Endorphine. Und die aus Schlafmohn
hergestellten Drogen unterdrücken nicht nur körperliche
Schmerzen, sie lösen auch Glücksgefühle aus, und zwar in
einer für die Drogenkonsumenten bis dahin nicht gekann-
ten Intensität. Allerdings haben diese Rauschmittel auch
eine ausgesprochen finstere Kehrseite. Das Gehirn gewöhnt sich schnell an die Glücklichmacher. Es braucht sie
immer wieder und es braucht immer mehr. Sämtliche
Opiate führen zu körperlicher und psychischer Abhängigkeit. Die Süchtigen richten ihr ganzes Leben nur noch da-

nach aus, sich wieder in den Zustand zu versetzen, in dem sie sich glücklich fühlten. Nach einiger Zeit bleibt dieser Effekt allerdings aus. Die Süchtigen können dennoch nicht von der Droge lassen, denn ihr Körper reagiert mit Entzugserscheinungen, wenn er keinen Stoff mehr erhält: Panikzuständen, schier unerträglichen Schmerzen, Krämpfen, Erbrechen.

## Auch *weiche* Drogen haben Tücken

Ebenfalls im Zusammenhang mit dem körpereigenen Schmerzsystem steht wahrscheinlich der Wirkstoff der Hanfpflanze, THC. Gleichzeitig gibt es Thesen, wonach dieser Wirkstoff an Rezeptoren im Gehirn wirkt, die daran beteiligt sind, dass man unangenehme Ereignisse vergisst. Die »gehobene Stimmung«, die ein Marihuana-Joint oder ein Haschisch-Plätzchen bewirken können, wird aber mit nicht zu unterschätzenden Risiken erkauft. Haschisch, Cannabis, Marihuana, Pot – egal unter welchem Namen jemand den vermeintlich *weichen* Rausch-Stoff THC konsumiert: Er kann, ebenso wie *harte* Drogen, abhängig machen. Und vor allem Jugendliche laufen Gefahr, dass sie ihre Erinnerungsfähigkeit für immer beschädigen. Denn in ihrem Gehirn sind die Rezeptoren, die auf Drogen ansprechen, besonders empfindlich – und werden entsprechend schneller geschädigt als bei Erwachsenen.

Von *weichen* Drogen zu sprechen ist auch aus einem anderen Grund heikel. Durch spezielle Züchtungen haben die Hanf-Anbauer die Konzentration des Wirkstoffs THC in den Pflanzen seit den 1960er und 1970er Jahren um ein

Vielfaches gesteigert. Die Droge ist also nicht mehr die gleiche wie zu der Zeit, als Joints und Haschisch-Plätzchen in die Jugendkultur der USA und Europas Einzug hielten. Wer sich heute als 18-Jähriger eine *Tüte* ansteckt, nimmt möglicherweise eine Droge eines ganz anderen Kalibers in die Hand als seine Eltern (oder gar Großeltern), die früher auch mal *Gras* oder *Brösel* gedreht haben. Wenn man einen Vergleich mit Alkohol ziehen möchte: Wenn ein Joint der 1960er Jahre wie ein Glas Bier war, dann wäre ein Joint des dritten Jahrtausends möglicherweise wie eine halbe Flasche Schnaps.

Ebenso wie Haschisch und Marihuana gehört auch Kokain in manchen Gesellschaftsschichten inzwischen zu den »akzeptierten« Drogen. Doch der Ruf des Kokains als schicke Partydroge ist alles andere als gerechtfertigt. Seine Konsumenten rutschen oft rasant in eine Abhängigkeit, ähnlich wie bei Heroin, auch wenn Kokain im Hirn anders wirkt als die Opiate. Die Droge, die aus dem in Lateinamerika beheimateten Kokastrauch gewonnen wird, wirkt vor allem auf einen Kreislauf des Botenstoffs Dopamin. Auf diese Weise regt sie das sogenannte Belohnungssystem an. Kokain löst daher intensive Glücksgefühle aus und vermittelt seinem Konsumenten den Eindruck, er sei erfolgreich – auch wenn er gar nichts tut außer Kokain zu schnupfen oder es als »Crack« zu rauchen. Kokain-Konsumenten erzählen auch oft, dass sie sich allmächtig fühlen, wenn sie die Droge eingenommen haben.

Der Anbau von Koka-Sträuchern hat in Südamerika eine jahrhundertealte Tradition.

## Im Teufelskreis

Katjas neuer Freund Joey hat schon einige Drogen ausprobiert: Als er 13 war, hat er Klebstoff in Tüten gedrückt und daran geschnüffelt. Die darin enthaltenen Lösungsmittel haben ihn nicht nur berauscht und benommen gemacht, vor allem das Lösungsmittel Toluol hat – ähnlich wie Kokain oder Amphetamin – den Nucleus accumbens und das Belohnungssystem in seinem Hirn in Gang gebracht. Allerdings hat Joeys Nasenschleimhaut das Schnüffeln nicht vertragen, er hatte oft Nasenbluten. Außerdem empfand er es bald als Kinderkram, mit einer Plastiktüte herumzusitzen. Zumal er gelesen hatte, dass man sich mit Schnüffelstoffen ruck, zuck die Gesundheit ruinieren kann. So können die Ausdünstungen von Klebemitteln unter anderem verschiedene Nervenfasern schwer beschädigen – was lebenslange Einschränkungen mit sich bringt.

Schnüffeln schien Joey also nicht mehr das Richtige zu sein, er suchte Stoff, der *cooler* war. Also fing er an zu rauchen, trank öfter mal mit seinen Kumpels Tequila oder Wodka, bis er nicht mehr gehen konnte. Als er siebzehn wird, beschließt er dann, »in die Oberliga aufzusteigen«, wie er es nennt. Er fängt mit Amphetamin an und kommt bald auch an Kokain, Opium probiert er nur ein paar Mal aus.

Diese Drogen geben nicht nur ihm selbst das Gefühl, auf Wolken zu schweben. Sie verleihen Joey auch eine Ausstrahlung, die ihn in den Augen vieler anderer faszinierend erscheinen lässt. Als Katja ihn kennenlernt, zieht sie die Lässigkeit, mit der er Gitarre spielt, ebenso an wie die bunten Farben der selbst gemalten Bilder, mit denen er die Wände seines WG-Zimmers vollgehängt hat.

Joey hat scheinbar alles im Griff: Wenn er mit Katja am See sitzt, zündet er einen Joint an – und gibt sich unbeschreiblich lässig. Wenn er abends im Club aufdrehen möchte, wirft er die entsprechenden Pillen ein oder zieht sich eine Kokain-Bahn in die Nase. Bis jetzt glaubte Katja ihm, dass man mit Drogen ganz nach Belieben die richtige Stimmung herbeizaubern kann. Doch nun, nach ihrem Abend im Club, merkt sie, dass sie nicht frei entscheidet. Als die Wirkung der Valium-Tablette, die Joey ihr gegeben hat, nachlässt, kehren die Angstgefühle zurück.

Katjas Gedanken kreisen immer wieder um die Ecstasy-

Pillen, mit denen sie die großartige Stimmung des Vorabends erreicht hatte. Sie ahnt, dass sie damit die Angst bekämpfen könnte. Doch der Gedanke, dass sie offenbar eine Chemikalie *braucht*, um sich wieder wohlzufühlen, macht ihr noch mehr Angst. Sie fühlt sich im Klammergriff der kleinen Pillen. Und sie weiß, dass Joey sie nicht verstehen würde, wenn sie mit ihm darüber spräche. Sie weiß nicht, wohin.

## Legal, illegal – ein willkürlicher Unterschied

Die Frage, ob sie wieder Pillen einwerfen soll, erübrigt sich bald. Als einige Tage später ihr Vater etwas sucht, um sich eine Zigarette anzuzünden, kramt er in Katjas Jackentasche. Er weiß, dass seine Tochter raucht, und hofft, ein Feuerzeug oder Streichhölzer zu finden. Seine Finger stoßen jedoch auf etwas anderes. Als Katjas Vater drei Smiley-Pillen aus der Tasche fischt, wird ihm sofort klar, was los ist. Er stürmt in das Zimmer seiner Tochter und stellt sie wutschnaubend zur Rede.

Zunächst ist Katja alles andere als einsichtig. Sie leugnet keine Sekunde, dass sie Ecstasy nimmt und Joints raucht. Im Gegenteil. »Du trinkst dafür jeden Abend deinen Bordeaux und qualmst eine Schachtel Zigaretten«, hält sie ihrem Vater vor. Der wiegelt ab. »Das ist etwas völlig anderes«, schreit er. Doch er irrt sich. Er hat zwar insofern recht, als Alkohol und Nikotin anders auf das Gehirn wirken als illegale Drogen. Doch es geht ums gleiche Ziel. Wer Alkohol trinkt oder Zigaretten raucht, will sich angenehme Gefühle verschaffen, indem er sein Hirn manipuliert – ebenso wie jemand, der Kokain schnupft oder Cannabis raucht.

Beim Tabak ist der Wirkmechanismus weitgehend erforscht. Er stimuliert bestimmte Rezeptoren im Gehirn, die so konstruiert sind, dass sie auf die im Tabak enthaltenen Nikotinmoleküle ansprechen. Normalerweise reagieren diese Rezeptoren auf den körpereigenen Stoff Acetylcholin. Wenn sie durch ihn stimuliert werden, steigt die Aufmerksamkeit und die Fähigkeit, klar zu denken. Angstgefühle werden vermindert. Ein Grund, warum Raucher besonders gern in Stress-Situationen zur Kippe greifen.

Daneben sorgt Nikotin dafür, dass eine ganze Reihe von Botenstoffen im Hirn ausgeschüttet werden: Wieder einmal ist Dopamin im Spiel, außerdem unter anderem Serotonin und Noradrenalin. In der Summe macht Tabakrauch in einem hohen Maß süchtig. Oft genügen einige Schachteln, um aus einem Nichtraucher einen Raucher zu machen. Auch hier sind Jugendliche besonders anfällig.

Gefährlich für den Körper ist dabei gar nicht so sehr das Nikotin selbst. Es ist zwar ein hochwirksames Gift, wird aber beim Rauchen nur in Mengen aufgenommen, die der Kreislauf gerade noch verarbeiten kann. Ruinös für die Gesundheit von Rauchern sind vor allem die sogenannten Teerstoffe, die im Tabak enthalten sind. Sie lösen bei Millionen von Menschen besonders gefährliche Krebsvarianten aus: Lungenkrebs, Kehlkopfkrebs, Zungenkrebs. Auch Erkrankungen des Kreislaufsystems, des Herzens und des Gehirns selbst – wie etwa Schlaganfall – bescheren jedes Jahr Millionen von Rauchern einen vorzeitigen Tod.

## Eine Droge als Kulturgut

Nicht ganz so klar wie die Wirkung des Nikotins ist der Wirkmechanismus des Alkohols. Diese Droge gehört zwar seit Jahrtausenden zum Alltag vor allem der westlichen Gesellschaften, Bier, Wein, Wodka oder Rum sind eine Art Kulturgut. Doch was das Molekül $C_2H_5OH$ im Kopf anstellt, ist noch nicht bis in alle Einzelheiten erforscht. Als gesichert gilt: Wieder ist es die Dopaminproduktion, die durch die Droge Alkohol angeregt wird. Daneben unterstützt Ethanol (so der genaue chemische Name) die Wirkung des Botenstoffs Gamma-Aminobuttersäure (GABA) – und der wiederum sorgt für Entspannung.

Gleichzeitig wird ein anderer Botenstoff, das Glutamat, durch Alkohol blockiert. Dadurch verstärkt sich beim Trinkenden zunächst das Gefühl der Gelöstheit. Je höher der Alkoholspiegel im Hirn ansteigt, desto mehr treten allerdings andere Wirkungen in den Vordergrund. Vor allem Funktionen des Kleinhirns werden gehemmt, die dafür sorgen, dass man zielgerichtete Bewegungen ausführen kann. Wer zu viel getrunken hat, kann deshalb nicht mehr koordiniert nach etwas greifen und nicht mehr geradeaus gehen. Weil es auch nicht mehr gelingt, die Muskeln des Sprechapparats (wie zum Beispiel den Zungenmuskel) richtig zu steuern, wird die Sprache undeutlich und vernuschelt.

Eine Alkoholvergiftung kann sogar tödlich sein, weil das kleine Molekül auch Nervenzentren beeinträchtigt, die für die Atmung zuständig sind. An einer akuten Alkoholvergiftung sterben allerdings weit weniger Menschen als an den langfristigen Folgen der Alkoholsucht. Bier, Wein oder

## Alkoholismus-Klassifizierung nach Elvin Jellinek

Der *Alpha-Trinker* setzt Alkohol ein, um psychische Anspannung loszuwerden, Frustration oder Stress zu bekämpfen. Er kann jederzeit aufhören. Allerdings muss man auch hier eher von Alkohol*missbrauch* als von Alkohol*genuss* sprechen.

Der *Beta-Trinker* trinkt dann, wenn andere trinken: Auf der Party, im Bierzelt, beim Geburtstag. Er ist zwar nicht süchtig, allerdings besäuft er sich durchaus auch mal, wenn es eben »dazugehört« – so dass auch hier nicht unbedingt von Alkohol*genuss* die Rede sein kann.

Der *Gamma-Trinker* ist süchtig. Wenn er anfängt, Alkohol zu trinken, hört er oft erst auf, wenn er zu berauscht ist, um eine weitere Flasche zu öffnen oder das Glas zu halten. Sein Körper und seine Psyche sind vom Alkohol abhängig. Dennoch kann der Gamma-Trinker mitunter »trockene« Phasen haben. Auch wegen dieser trockenen Phasen macht er sich oft vor, nicht süchtig zu sein – während sein Trinken in Wirklichkeit seine Gesundheit, sein Berufsleben und die Beziehungen zu Freunden und Familie Schritt für Schritt ruiniert.

Der *Delta-Trinker* braucht nicht den Vollrausch, versucht aber immer einen gleichmäßigen Alkoholpegel zu halten. Sein Trinken fällt im Alltag oft nicht weiter auf, weil er selten richtig besoffen ist. Doch ohne Alkohol fühlt er sich unwohl.

Der *Epsilon-Trinker* trinkt phasenweise sehr viel und dann wieder manchmal wochen- und monatelang gar nichts. Daher auch die Bezeichnung »Quartalssäufer«.

Schnaps können nicht nur im Gehirn beträchtliche Schäden anrichten, auch Zellen in anderen lebenswichtigen Organen sterben ab: in der Leber ebenso wie in der Bauchspeicheldrüse.

## Vom Genuss zur Sucht

Suchtforscher sprechen von Alkohl*genuss* am ehesten dann, wenn eine Weinkennerin oder ein Bierfreund tatsächlich nur wegen des Geschmacks zum Glas greift. Wer aus anderen Gründen trinkt, fällt in eine der verschiedenen Kategorien des Alkohol*missbrauchs* oder der Alkohol*sucht*. Diese Formen der Sucht und des Missbrauchs gehen oft fließend ineinander über oder vermischen sich. Doch nach Ansicht vieler Alkoholtherapeuten hat es durchaus Sinn, bestimmte Abgrenzungen zu treffen. Der amerikanische Wissenschaftler Elvin M. Jellinek hat schon vor gut einem halben Jahrhundert eine Klassifizierung aufgestellt, die heute immer noch angewandt wird. Er hat dabei die ersten Buchstaben des griechischen Alphabets verwendet.

## Legal, illegal – nicht scheißegal

Katja und ihr Vater streiten noch eine ganze Zeit darüber, welche Drogen nun die gefährlicheren sind. Am Ende ist Katja aber gar nicht so unglücklich, dass ihr Vater die Pillen in ihrer Jacke gefunden hat und eingreift. Sie möchte ja jemanden an ihrer Seite haben, der ihr hilft, nicht die Kontrolle zu verlieren. So richtig davon überzeugen, dass Alkohol etwas anderes ist als Ecstasy, kann ihr Vater sie allerdings nicht. Auch wenn er immer wieder *ein* Argument wiederholt: »Die Pillen sind verboten, Wein und Zigaretten sind legal.«

Warum die einen Suchtstoffe illegal sind und die anderen nicht, lässt sich nicht logisch begründen. Es ist ein über die Jahrhunderte historisch gewachsener Zustand, dass Tabak und Alkohol zum gesellschaftlichen Leben der westlichen Länder genauso dazugehören wie Fernsehen am Abend oder Zeitunglesen beim Frühstück. Es heißt zwar immer, dass Drogen wie Cannabis oder Heroin verboten sind, weil sie süchtig machen und die Gesundheit gefährden. Doch auch Alkohol und vor allem Tabak machen süchtig. Und ihr Konsum kostet jedes Jahr weltweit Millionen Menschen das Leben.

Man darf eines vermuten: Wenn Tabak bis heute nicht bekannt wäre und erst jetzt ein Christoph Kolumbus eine Schiffsladung davon über den Atlantik brächte, würden die Beamten der Europäischen Union wohl nicht erlauben, dass dieser gesundheitsgefährdende Stoff massenhaft an jeder Straßenecke verkauft wird. Das Rad der Entwicklung zurückzudrehen und Tabak oder Alkohol komplett zu verbieten, ist jedoch nicht möglich. In den USA beispielsweise hat es die Regierung in den Jahren 1919 bis 1932 versucht und hat den Besitz von Bier, Whiskey oder Wein unter Strafe gestellt. Die *Prohibition* war jedoch ein grandioser Fehlschlag und hatte vor allem ein Ergebnis: Sie hat die Alkoholschmuggler reich gemacht.

Dass Drogen wie Heroin oder Cannabis illegal sind, trägt auch heute mit dazu bei, dass Dealer dafür hohe Preise verlangen können. Denn illegale Waren sind stets knapp, und knappe Waren sind teuer. Deswegen gibt es sogar von Polizisten und Kriminologen immer wieder die Forderung, alle Drogen freizugeben. Wenn sich mit der Drogenproduktion und dem Dealen nicht mehr so viel Geld verdienen ließe, könnte man den Drogenhandel besser kontrollieren, so die Hoffnung. Die Gefahr allerdings wäre, dass noch viel mehr Menschen in eine Sucht nach Kokain, Heroin, Ecstasy oder Haschisch rutschen. Das Problem der Drogen, die aus Pflanzen und Chemikalien gewonnen werden, bleibt also ungelöst.

Doch nicht nur Moleküle, die Menschen sich von außen zuführen, berauschen und machen süchtig. Das Gehirn kann sich auch ganz allein in einen Rauschzustand versetzen.

## Das Drogenlabor im Kopf

Katjas Cousin David zum Beispiel weiß, wie man sich auch ohne Drogen einen Rausch verschaffen kann. Er läuft. Und läuft. Und läuft. Seit ein paar Wochen joggt er jeden Tag durch den Wald. Angefangen hat er, als in ihm das Gefühl aufkam, in einen Durchhänger zu rutschen. Außerdem gehört es in seiner Familie dazu, sportlich zu sein. Also begann er zu laufen. Und nach einigen Wochen hat er einen Effekt erzielt, den er gar nicht ahnte: Er fühlt sich gut, richtig gut. Wenn er aus der Dusche kommt, hat David das Gefühl, nicht nur sein Körper ist sauber. Auch in seinem Kopf fühlt er sich gereinigt. Zwar ist er erschöpft, aber irgendwie auch glücklich. Er läuft inzwischen so lange und so schnell, dass er an die Grenzen seiner Belastbarkeit gerät. Er versucht sogar, diese Grenze zu überschreiten. Und er fühlt sich danach noch besser.

Indem David an seine körperlichen Grenzen geht, setzt er ähnliche Mechanismen innerhalb seines Kopfes in Gang, wie sie Joey durch Drogen künstlich hervorruft. David sorgt dafür, dass körpereigene Endorphine ausgeschüttet werden, denn genau das tritt oft ein, wenn sich jemand beim Sport maximal belastet. Joey hingegen führt sich Stoffe von außen zu, die den Endorphinen ähnlich sind.

Davids Taktik, sich gute Gefühle zu verschaffen, ist allerdings – im Gegensatz zu Joeys Strategie – weitgehend ungefährlich. Von den Endorphinen, die der Körper beim Sport ausschüttet, wird niemand süchtig. Nicht ganz so unbedenklich ist die Sache bei anderen Stoffen, die das »Drogenlabor im Kopf« herstellt: Dopamin wird im sogenannten Belohnungssystem auch bei Erfolg im Glücksspiel ausgeschüttet – und kann spielsüchtig machen. Andere Menschen bekommen einen »Kick« des Belohnungssystems, indem sie sich ständig neue Kleider kaufen, sich im Beruf Erfolge verschaffen oder ständig Sex haben. Spielsucht, Kaufsucht, »Workaholismus« (Arbeitssucht) sind Probleme, die Menschen ähnlich abhängig machen können wie Heroin oder Kokain. Denn sie wollen den vermeintlichen Glückszustand immer wieder herstellen, den bestimmte Verhaltensweisen in ihnen auslösen.

David jedenfalls wird nicht »sportsüchtig«, auch wenn das Laufen ihm angenehme Endorphin-Ausschüttungen beschert. Und irgendwann geht es ihm wie vielen Hobbysportlern. Das lästige Gefühl der Erschöpfung überwiegt das angenehme Gefühl der Endorphin-Ausschüttung. David fährt sein Sportprogramm deutlich zurück. Er ist bald um einiges weniger fit und nimmt auch ein paar Pfund zu. Doch auch so fühlt er sich ganz wohl. Entzugserscheinungen bereitet es ihm nicht, als er die »Droge Sport« absetzt.

Auch für Katja wird es schließlich doch einfach, ihren Ausflug ins Reich der Drogen aufzugeben. Als sie eines Morgens an Joeys Appartement klingelt, öffnet er nicht. Er geht auch nicht ans Telefon. Erst von einem seiner Kumpels erfährt sie, dass Joey neben seinem Bett am Boden liegend in einer Pfütze aus Erbrochenem gefunden wurde. Tot. Am eigenen Mageninhalt erstickt.

»Immerhin ist er gestorben wie ein echter Rockstar. Du kennst doch Bon Scott von AC/DC, oder?«, sagt Joeys Kumpel, während er mit glasigen Augen an einer Zigarette zieht. Katja schlägt ihm mit aller Kraft ins Gesicht. Das ist das Letzte, was sie für Joey tun kann.

# 7

## NERVEN IN NOT

### Wenn Hirn und Nervenbahnen erkranken

Annika ist nervös. Aber sie muss wohl da durch. Sie hat es sich fest vorgenommen: Sie will Krankengymnastin werden. Doch die Uni-Klinik, an der sie sich um einen Ausbildungsplatz bewerben möchte, verlangt, dass sie mindestens zwei Wochen Praktikum in einer Physiotherapeuten-Praxis mitbringt. Immerhin hat sie schon einmal den ersten Schritt geschafft. Sie hat einen Praktikumsplatz gefunden. Das ist mehr, als viele andere erreicht haben. Sie sollte also eigentlich zufrieden sein. Jetzt steht sie hier, ist nervös und hilft mit unsicheren Bewegungen einem jungen Mann, sich auf die Behandlungsliege zu legen.

Ihr Chef hat ihr gleich klargemacht, dass man sich unter Krankengymnasten locker gibt. Duzen ist Pflicht. Er heiße Matthias, hat er gesagt, und er werde gleich zu ihr kommen. Bis dahin ist Annika allein mit dem Patienten, sie schaut kurz auf sein Krankenblatt. Er heißt Dennis und ist nur drei Jahre älter als sie. Sein Anblick irritiert Annika:

Oberhalb des linken Ohrs ist Dennis' Schädel auf einer Fläche von der Größe einer Hand rasiert. Eine noch rosafarbene gekrümmte Narbe von etwa zehn Zentimetern Länge zieht sich in einem Bogen von der Stirn über die Ohrmuschel. Der junge Patient lächelt Annika an, spricht jedoch nicht und scheint sie auch kaum zu verstehen, als sie ihn fragt, ob er gut liegt. Annika fällt auf, dass sein rechter Arm angewinkelt ist, sein Bein unnatürlich überstreckt.

Plötzlich stöhnt der junge Mann kurz auf, dann sieht Annika, wie seine rechte Hand und auch der ganze Arm zu zucken beginnen. Sein Körper wird völlig steif, die Arme sind an den Körper gepresst, die Hände rechtwinklig nach außen gebogen. Er verrenkt den Kopf zur Schulter hin, atmet schwer aus dem schief geöffneten Mund, Schaum tritt vor die Lippen, er starrt Annika aus aufgerissenen Augen an, sein Gesicht wird blau. Es sind nur Sekunden vergangen, seitdem Dennis sie noch freundlich angelächelt hatte. Annika ist einen Moment wie gelähmt, sie hat Angst, dass der Patient stirbt. Hat sie etwas falsch gemacht?

Annika schreit panisch nach Matthias, als Dennis mit Armen und Beinen wild zu schlagen beginnt, der Schaum vor seinem Mund färbt sich rötlich. Der Physiotherapeut stürmt herein, hält den Patienten fest, sagt Annika ganz ruhig, sie solle sich vor die Liege stellen, damit Dennis nicht auf den Boden stürzen kann. Nach weniger als einer Minute ist der Krampf verebbt.

Schon kurz darauf trifft der Krankenwagen mit einem Notarzt ein, den Matthias gerufen hat. Als wieder Ruhe in der Praxis eingekehrt ist, erklärt er Annika, dass das, was gerade passiert ist, nichts mit ihr zu tun hat. Es sei ein ganz typischer epileptischer Anfall gewesen. Dennis' linke Gehirnhälfte war von einem Tumor befallen gewesen. Neurochirurgen haben die Geschwulst zwar vollständig entfernt, doch nicht nur auf der Haut des jungen Mannes, sondern auch in seinem Hirngewebe ist eine Narbe zurückgeblieben.

Die Vernarbung beeinträchtigt seit der Operation einen Teil des Nervengewebes in der linken Hälfte des Gehirns. Von dort werden die Bewegungen der rechten Körperhälfte gesteuert, auch das Sprachzentrum hat seinen Sitz in der linken Hirnhälfte. Deshalb leidet Dennis an einer spastischen Lähmung seines rechten Arms und seines rechten Beins und hat Schwierigkeiten beim Reden. Um durch gezielte Übungen diese sogenannte *Spastik* zu lindern, war er in die Praxis gekommen.

## Wenn die Arbeitsteilung versagt

Dieselbe Vernarbung im Hirngewebe kann aber auch epileptische Anfälle auslösen. Für Außenstehende ist der Anblick erschreckend. Bei diesem Typ eines Anfalls sieht der Verlauf immer gleich aus. Der Betroffene schreit mitunter noch kurz auf, schlägt dann bewusstlos hin und verkrampft sich so, dass die Muskeln angespannt, der Kopf überstreckt, die Augen weit aufgerissen und die Zähne fest zusammengebissen sind. Manchmal wird dabei die Zunge verletzt. Das ist der Grund, warum Annika Blut aus Dennis' Mund rinnen sah. Mitunter sind die Signale, die aus dem Hirn gesandt werden, so massiv übersteigert, dass die Muskeln sogar Knochen brechen, an denen sie entlanglaufen.

Nach dieser ersten Phase des Anfalls beginnt der Patient zunächst langsam und dann immer schneller mit Armen und Beinen zu zucken und zu schlagen. Er hat keinerlei Kontrolle über diese Bewegungen. Nach einigen Sekunden bis Minuten verebben die Zuckungen, der Patient erwacht kurz aus seiner Bewusstlosigkeit und schläft danach erschöpft ein.

Ein solcher Anfall ist eine Art elektrische Explosion im Gehirn. Normalerweise arbeiten die verschiedenen Bereiche des Hirns unabhängig voneinander, sie feuern ihre elektrischen Impulse nicht im Gleichtakt, sondern stets versetzt. Nur auf diese Weise ist es möglich, eine Vielzahl von Tätigkeiten gleichzeitig auszuüben. Auch wer kein Genie ist, kann in ein und demselben Moment sein Auto rückwärts in eine enge Parklücke einparken, Musik aus dem Autoradio hören, zum Rhythmus der Musik mit dem Finger aufs Lenkrad klopfen, mit seinem Beifahrer sprechen und Kaugummi kauen – alles gleichzeitig.

Das heißt: Die fürs Sehen zuständigen Regionen sagen dem Autofahrer, wo er sich gerade befindet. Die Hirnteile, die für die Koordination von Bewegungen zuständig sind, sorgen dafür, dass die Hände das Lenkrad richtig bewegen, ebenso wie die Füße Gaspedal und Kupplung richtig bedienen – und zwar auf eine Weise, dass das Auto in kürzester Zeit zentimetergenau an die richtige Stelle gelenkt wird. Die Teile des Hirns, die fürs Hören zuständig sind, verarbeiten die Musik und setzen den wahrgenommenen Rhythmus gemeinsam mit Teilen des Gehirns, die wiederum für Bewegung (Motorik) zuständig sind, in trommelnde Bewegungen der Finger um. Sprach- und Hörzentrum arbeiten mit Teilen des Hirns zusammen, die für bewusste Wahrnehmung zuständig sind, um die Unterhaltung mit dem Beifahrer am Laufen zu halten. Und die motorischen Zentren, die für Kauen und Schlucken zuständig sind, bedienen in diesem Beispiel den Kaugummi.

## Stichflamme im Kopf

So vieles gleichzeitig wahrzunehmen und die Wahrnehmungen zur selben Zeit in Aktionen umzusetzen ist dem Hirn nur möglich, weil verschiedene Teile unabhängig voneinander arbeiten. Es sprühen also sozusagen an verschiedenen Stellen ständig kleine Funken, ohne dass dadurch ein großer Brand entsteht. Beim epileptischen Anfall jedoch entladen sich wegen einer Schädigung des Hirns, die auf eine Verletzung, einen Unfall, einen Tumor oder einen angeborenen kleinen Fehler zurückgehen kann, einzelne Nervenzellen, die sich eigentlich nicht entladen sollten.

Wenn sich dieser nicht vorhergesehene »Funke« bis zu einem Zentrum in der Tiefe des Gehirns ausbreitet, wird von dort das Signal über beide Gehirnhälften weitergegeben, und es tritt ein Zustand ein, der dem normalerweise ungleichzeitigen Arbeitsprinzip des Gehirns komplett zuwiderläuft: Alles wird gleichzeitig erregt. Es ist so ähnlich, als ob ein Funke von einem einzelnen Streichholz in eine geöffnete Streichholzschachtel fällt – und dort eine Stichflamme auslöst, weil sich sämtliche anderen Streichholzköpfe auf einmal entzünden.

Ganz ähnlich einer Stichflamme ist ein epileptischer Anfall normalerweise nach Kurzem wieder vorüber. Er hinterlässt, wenn überhaupt, nur geringfügige Schäden im

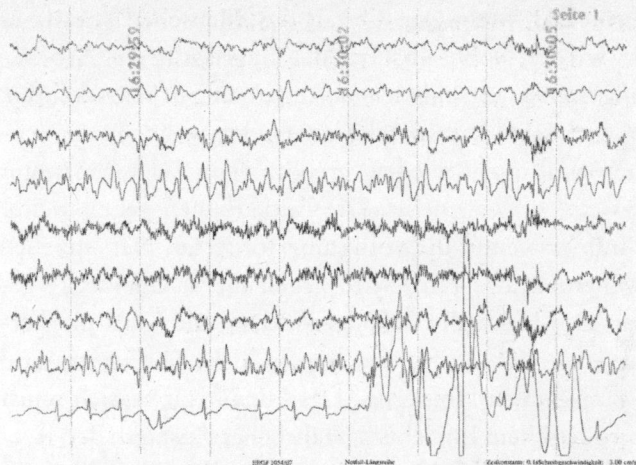

Durch die Messung elektrischer Ströme (EEG und in der untersten Linie EKG) lässt sich ablesen, wie sehr ein Krampfanfall Gehirn und Körper aufwühlt.

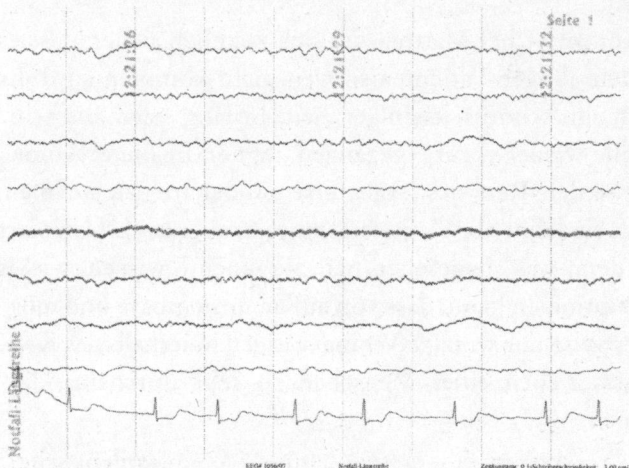

Nach einer Behandlung haben sich Hirnströme und EKG des Patienten wieder deutlich beruhigt.

Gehirn. Das wichtigste Organ des Menschen schafft es meist wieder, von selbst zu der unerlässlichen Arbeitsteilung seiner verschiedenen Regionen zurückzukehren. Eine wirkliche Katastrophe geschieht, wenn der epileptische Anfall nicht wieder verebbt, wenn ein sogenannter *Status epilepticus* eintritt. Die Entladungen gehen weiter und immer weiter, die völlig überforderten Nervenzellen schwellen an, das Hirn wird gegen die Schädeldecke gepresst. Die Härte der Schädelknochen, die sonst ein hervorragender Schutz für das empfindliche Organ ist, wird nun zum fatalen Hindernis. Das Hirn beginnt, sich selbst zu zerquetschen: Ein lebensgefährlicher Zustand, den Ärzte deshalb stets mit Medikamenten zu durchbrechen versuchen. Manchmal kann das Gehirn so sehr außer Kontrolle geraten, dass die Patienten in eine Narkose versetzt werden müssen, die es nötig macht, sie künstlich zu beatmen.

Annikas Chef Matthias ist sich ziemlich sicher, dass es bei dem jungen Patienten so weit nicht kommen wird. Er kennt ihn schon seit einiger Zeit, bislang seien alle seine Anfälle wieder vorübergegangen, sagt er. Er bietet Annika an, für den Rest des Tages erst einmal frei zu nehmen. Doch sie lehnt ab. Sie ist erschüttert, aber auch fasziniert von dem, was sie gesehen hat. Sie möchte wissen, wie es dazu kommen kann, dass von außen unsichtbare und möglicherweise nur winzige Veränderungen innerhalb des Kopfes das Leben eines Menschen so sehr durcheinanderbringen.

## Wenn Gehen nicht mehr geht

Annika geht kurz einen Kaffee trinken und kehrt dann zurück, um mehr von der Arbeit in der Physiotherapie-Praxis zu sehen. Matthias erkundigt sich kurz, ob sie wirklich wieder okay ist, und nimmt sie dann mit in ein Behandlungszimmer. Dort steht ein Mann, der ihnen den Rücken zugewandt hat. Der etwa 70-Jährige ist nach vorn gebeugt, die Arme sind an den Körper gepresst. Als der Physiotherapeut ihn anspricht, will er sich zu ihnen umwenden, schafft es aber nur mit winzigen Trippelschrittchen, den Körper ein Stück zu drehen. Matthias springt zu ihm und stützt ihn ab, denn Herr Fuchs droht plötzlich nach vorn zu stürzen, als er loslaufen will. Es sieht so aus, als ob er mit den Füßen am Boden kleben bliebe.

Der ältere Herr wendet sein Gesicht Annika zu. Sie erschrickt ein wenig. Denn das Gesicht sieht aus wie eine von Salbe bedeckte Maske, ohne Falten und ohne jede Mimik. Solche Kranke hat Annika schon gesehen. Sie weiß, dass Herr Fuchs an der Parkinson-Krankheit leidet. Der britische Wissenschaftler James Parkinson hat vor rund zweihundert Jahren zum ersten Mal in einem Buch beschrieben, was diese vergleichsweise häufige Erkrankung ausmacht: Die Bewegungen werden langsamer, steifer und schwerfälliger. Typisch ist auch das Zittern, das Annika bei Herrn Fuchs auffällt. Er kann seine rechte Hand nicht ruhig halten, ebenso wenig wie seinen Kopf.

Matthias stellt sich jetzt hinter Herrn Fuchs, legt seine Hände auf dessen Brust und Rücken und richtet den Oberkörper des Patienten gerade auf. Dann beginnt der Krankengymnast zu zählen: »Eins, zwei. Eins, zwei.« Plötzlich

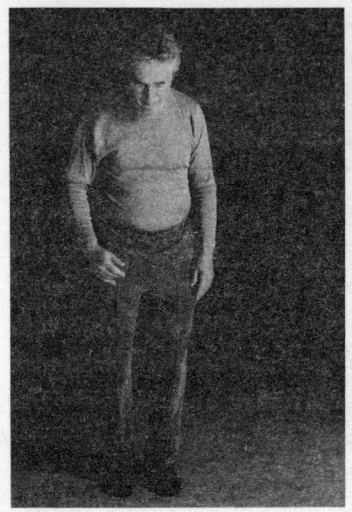

Patienten, die an der Parkinson-Krankheit leiden, haben oft
große Schwierigkeiten beim Gehen.

läuft Herr Fuchs im Rhythmus des Zählens los Richtung
Tür, als wäre nichts gewesen. Dort angekommen, stoppt er
allerdings und schafft es nicht mehr, sich weiterzubewegen.

An Parkinson-Patienten wie Herrn Fuchs wird klar,
dass es eine der kompliziertesten Aufgaben des Gehirns ist,
Bewegungen zu steuern – so alltäglich diese Bewegungen
für Gesunde auch oftmals scheinen mögen. Um ein Körperteil zu bewegen, muss das Gehirn über die Nerven
Signale an mehrere Muskeln aussenden. Denn wer beispielsweise seinen Arm anwinkeln will, der muss die sogenannten *Beuger* zusammenziehen und die *Strecker* entspannen. Wenn der Arm wieder gerade ausgerichtet werden
soll, geht es umgekehrt: Die Strecker spannen sich an, die
Spannung der Beuger lässt nach.

# Ohne Programm keine Bewegung

Gesunde Menschen wie Annika oder Matthias können sich mühelos bestimmte Bewegungen befehlen, ohne darüber nachzudenken, wie sie diese Bewegungen im Einzelnen ausführen. Und noch mehr: Wenn sie immer über jede einzelne nachdenken müssten, wären ihnen viele Bewegungen gar nicht möglich. Mit den Fingern auf den Tisch zu trommeln beispielsweise (wie es Annika gern mal tut, wenn sie ungeduldig ist) erfordert eine so große Leistung des Gehirns in so kurzer Zeit, dass man die entsprechenden Befehle niemals bewusst so schnell an die einzelnen Finger geben könnte: Kleiner Finger, Ringfinger, Mittelfinger, Zeigefinger – und wieder von vorn und wieder von vorn. Damit solche Aufgaben schnell, flüssig und unbewusst ablaufen können, gibt es Bewegungsprogramme im Gehirn, die Annika, wie alle Menschen, in ihren ersten Lebensjahren abgespeichert hat.

An diesen Programmen sind viele verschiedene Hirnregionen beteiligt: das Kleinhirn, die motorischen Bahnen und eine Region in der Tiefe des Gehirns, in der sich die sogenannten *Stammganglien* befinden. Sie sorgen dafür, dass Annika ohne Probleme loslaufen und auch wieder anhalten kann, wenn sie es will. Die Stammganglien sorgen also dafür, dass sie eine Treppe hinauf- oder hinunterlaufen kann, ohne dauernd denken zu müssen: Ich setze meinen linken Fuß vor, ich setze meinen rechten Fuß vor, ich setze meinen linken Fuß vor … usw.

Wenn die Stammganglien jedoch geschädigt werden, sind viele Bewegungsabläufe gestört. Die Bewegungen werden langsamer, die Muskulatur wird steifer und gehorcht manchen Befehlen einfach nicht mehr. Ein unbeherrschbares Zittern erfasst den ganzen Körper.

Das Geheimnis dieser weit verbreiteten Krankheit, die auch Prominente wie Papst Johannes Paul II. oder den Boxer Muhammad Ali nicht verschont hat, ist noch lange nicht entschlüsselt. Klar ist jedoch, dass vor allem im Bereich der Stammganglien bestimmte Gehirnzellen zugrunde gehen, nämlich solche, die auf den Überträgerstoff Dopamin reagieren. Warum das geschieht, ist noch nicht genau geklärt.

Klarheit über die Ursache dieser Krankheit herrscht nur dann, wenn es eindeutige Auslöser gibt – wie beispielsweise bei Boxern, die während ihrer Sportlerkarriere zu viele Kopfschläge einstecken mussten. Auch Rauschgiftsüchtige, die beispielsweise verunreinigtes Heroin gespritzt haben, können eine Art »Super-Parkinson« entwickeln. Gehirnentzündungen oder Vergiftungen können ebenfalls die Krankheit auslösen. Bei den meisten Patienten lässt sich allerdings kein eindeutiger Grund benennen, warum die Krankheit ausbricht. Entsprechend intensiv forschen Wissenschaftler weltweit in diesem Bereich.

Auch bei der richtigen Therapie sind noch viele Fragen offen. Es gibt zwar Medikamente, die den Patienten helfen können, wie den Wirkstoff *Dopa*. Solche Arzneien können die Krankheit jedoch nicht heilen oder wenigstens zum Stillstand bringen, sondern nur die Symptome lindern.

# Kranke Nerven wollen überlistet sein

Herr Fuchs, den Matthias jetzt gerade behandelt, ist in einer sogenannten »Off-Phase«, das heißt, er ist völlig unbeweglich. Der Physiotherapeut hat große Schwierigkeiten, den Patienten in Bewegung zu versetzen. Als professioneller Krankengymnast kennt er aber Tricks, um das Gehirn des alten Mannes zu überlisten. Wenn Herr Fuchs nicht loslaufen kann, setzt der Physiotherapeut seinen Fuß vor den des Patienten, so als ob er ihm ein Bein stellen wollte. In diesem Moment heben Parkinson-Kranke üblicherweise ihren Fuß, um über das Hindernis, das die Augen ans Hirn melden, hinwegzusteigen.

Plötzlich sind die Kranken in der Lage, das zu tun, was ihnen vorher trotz aller willentlichen Anstrengung nicht gelang: Sie können gehen. Es wird sozusagen im Hirn ein Programm in Gang gesetzt, das von allein nicht anspringen will, aber durchaus weiterläuft, wenn es erst einmal gestartet wurde. Ähnlich funktioniert auch ein anderer »Trick« der Krankengymnasten: Sie zählen, so wie es Matthias bei Herrn Fuchs getan hat, um ein rhythmisches Laufprogramm im Gehirn in Gang zu halten, das bei Parkinson-Patienten sonst abbrechen würde.

Die Therapie hilft: Herr Fuchs wird während der Behandlung lockerer und immer beweglicher. Annika ist begeistert. Sie hätte nicht gedacht, dass der Beruf, den sie erlernen will, so schnell einen so offensichtlichen Erfolg bringen kann. Allerdings ist es nicht nur die Arbeit des Krankengymnasten, die dem Patienten hilft. Herr Fuchs hat vor der Therapiesitzung eine Arznei eingenommen, die jetzt ihre Wirkung entfaltet. Das *Dopa* wird im Gehirn in den

Botenstoff Dopamin umgewandelt. Dieser Transmitter spielt in ganz verschiedenen Bereichen eine wichtige Rolle, beispielsweise bei Gefühlen und Wahrnehmungsprozessen, aber auch bei der Entstehung psychischer Krankheiten. Eine ganz wesentliche Funktion hat das Dopamin ebenfalls, wenn es darum geht, die Befehle für Bewegungen an die Gliedmaßen zu übermitteln.

Plötzlich hat Annika das Gefühl, dass Herr Fuchs sich nicht nur besser bewegen kann, sondern dass seine Bewegungen geradezu außer Kontrolle geraten. Während der alte Herr durchs Behandlungszimmer läuft, fangen seine Arme an, nach hinten und zur Seite zu schlagen. Wenn er einen Fuß hebt, dreht sich die Fußspitze nach innen, seinen Kopf dreht Herr Fuchs zur Seite, sein Laufen sieht mit einem Mal aus wie ein bizarrer Tanz. Matthias erklärt Annika, dass kein Grund zur Beunruhigung bestehe. Der Botenstoff, von dem im Gehirn zunächst nicht genug verfügbar war, wird jetzt wie in einer Welle durch den Kopf geschwemmt. Wenn diese Welle hochbrandet, wird der Patient »überbeweglich«, das heißt: Seine Bewegungen schießen übers Ziel hinaus.

## Fernsteuerung im Kopf

Um solche Nebenwirkungen zu bekämpfen, haben Mediziner neue Techniken entwickelt. Patienten, die sich dazu bereit erklären, werden sogenannte Hirnschrittmacher eingesetzt: Die Ärzte stecken rund zehn Zentimeter lange hauchdünne Metallstäbe durch die Schädeldecke tief ins Gehirn. Am Ende dieser Metallstäbchen sitzen elektrische

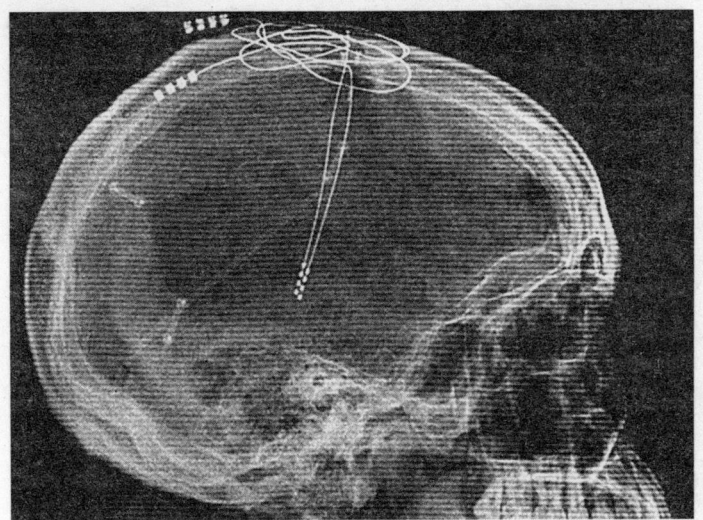

»Hirnschrittmacher« geben elektrische Impulse in geschädigte Regionen des Gehirns, damit beispielsweise Parkinson-Patienten ihre Bewegungen wieder besser kontrollieren können.

Pole. Sie senden Impulse aus, um die geschädigten Stammganglien der Parkinson-Patienten zu stimulieren. Die Patienten können per Fernsteuerung selbst regeln, wie stark die elektrische Stimulation ihres Gehirns sein soll, die ihnen hilft, sich auf normale Weise zu bewegen. Herr Fuchs fühlte sich aber zu alt für diese Operation. Außerdem erinnere ihn der Eingriff ein wenig an Frankenstein-Filme, hat er seinem Krankengymnasten erzählt. Zumal der alte Mann unter dem Zappeln seiner Arme und Beine gar nicht so sehr leidet, wie Annika es zunächst glaubt. »Machen Sie sich keine Sorgen um mich«, sagt er zu ihr, als er die Praxis verlässt.

## Schicksalsschläge der Nerven

Annika hat für ihren ersten Tag genug gesehen. Den Rest des Nachmittags braucht sie, um sich ein bisschen zu erholen. Am nächsten Morgen kommt sie voller Energie zurück in die Praxis. So grausam die Erkrankungen des Nervensystems offenbar sein können, sie möchte mehr darüber erfahren. Die erste Patientin, bei deren Behandlung sie heute helfen soll, ist eine junge Frau von etwa dreißig Jahren. Sie liegt im Behandlungszimmer, und Matthias bewegt ihr rechtes Bein, indem er es im Kniegelenk immer wieder beugt. Er fordert Annika auf, das andere Bein auf die gleiche Weise anzuwinkeln. Doch es gelingt ihr nicht, so steif ist das Bein. Und als sie den Fuß anfasst, beginnt der auf einmal vor und zurück zu schlagen. Annika muss fest zugreifen, um das Bein nicht fallen zu lassen.

»Keine Angst«, sagt die Patientin, »das kommt nur durch die Spastik.« Ihre Sprache klingt abgehackt, und Annika hat das Gefühl, dass die Patientin an ihr vorbeischaut, obwohl sie ihr offensichtlich ins Gesicht sehen und sie anlächeln möchte. Während Matthias weiter das Bein der Patientin bewegt, erklärt sie Annika, was mit ihr los ist. Seit zehn Jahren leidet sie an Multipler Sklerose, kurz MS. Die motorischen Bahnen, die vom Gehirn über das Rückenmark und die Nerven zu den Muskeln führen, sind gestört. Entzündungen schädigen im Hirn und Rückenmark, also im zentralen Nervensystem, die sogenannte *weiße Substanz*. So heißen die Zellen, die die Nervenfortsätze umgeben, sie isolieren und vor allem dafür sorgen, dass die Weiterleitung von Informationen schnell erfolgen kann.

Niemand weiß genau, warum sich diese Zellen entzünden, und keiner weiß, wodurch diese Entzündung ausgelöst wird. Mediziner sprechen von einer »immunologischen Reaktion«. Mit solchen Reaktionen wehrt sich der Körper normalerweise gegen eingedrungene Bakterien oder Viren. Manchmal, wie zum Beispiel bei MS-Patienten, richtet der Körper die Abwehrkräfte aber auch gegen sich selbst. Weil die weiße Substanz, die bei der MS geschädigt wird, über das ganze Zentrale Nervensystem verteilt ist, können die Schädigungen an verschiedensten Stellen auftreten, und somit auch die verschiedensten Symptome auslösen. Daher der Name Multiple Sklerose. Das lateinische Wort steht für »vielfache Verhärtung«. Denn die entzündeten Zellen bilden Narben, die sich verhärten.

Oft ist als Erstes der Sehnerv betroffen, die Patienten erblinden auf einem Auge. Oder aber die Bahnen, die für körperliche Empfindungen zuständig sind, werden geschädigt. Plötzlich kann ein Teil des Gesichts taub sein, eine ganze Körperhälfte oder beide Beine – das wäre der Fall, wenn der Entzündungsherd im Rückenmark sitzt. Wenn die Entzündung einmal ausgebrochen ist, bleibt sie das ganze Leben lang im Körper. Die Krankheit ist bislang nicht heilbar. Sie kann langsam fortschreitend oder auch in massiven Schüben verlaufen.

Bei der jungen Frau, deren Bein Annika gerade bewegt, hat die MS eine ganze Reihe von Symptomen ausgelöst. Sie kann ihre Augen nicht gut koordinieren und sieht oft doppelt. Eine Störung im Kleinhirn lässt sie oft abgehackt und undeutlich sprechen. Ihre Hände können nicht mehr auf ein Ziel gerichtet greifen, sie schießt mit ihren Fingern oft über das hinaus, was sie fassen möchte. Wenn sie läuft, ist sie so unsicher, dass sie sehr breit und staksig gehen muss.

Medikamente wie Cortison wirken gegen akute Entzündungsschübe, können die Krankheit aber nicht heilen. Andere, neue Medikamente beeinflussen den Verlauf der Krankheit positiv. Sie können den Patienten zwar nicht ihre früheren Fähigkeiten zurückbringen, aber ihnen doch für viele Jahre Ruhe vor der Krankheit bieten und ein fast normales Leben ermöglichen.

## Kontrollverlust im Kopf

Merkwürdige Gefühle löst die junge Frau in Annika aus, doch sie kommt nicht dazu, länger darüber nachzudenken. Matthias nimmt sie gleich zum nächsten Patienten mit. Sie soll dem älteren Herrn helfen, Hemd und Sakko wieder anzuziehen, und ihn zum Taxi begleiten. Der frühere Schauspieler hat vor einem Jahr einen Schlaganfall erlitten, erklärt der Krankengymnast auf dem Weg ins Behandlungszimmer. Ein Gerinnsel hat ein Blutgefäß in der linken Hälfte seines Gehirns verschlossen. Nervenzellen, die deshalb nicht mehr mit Sauerstoff versorgt wurden, sind abgestorben. Der Mann, der früher auf der Bühne und auch im Fernsehen mit seiner Sprache und seinen Gesten ein großes Publikum begeisterte, bringt jetzt keinen verständlichen Satz mehr hervor. Seine rechte Körperhälfte ist vollständig gelähmt, sein rechter Mundwinkel hängt herunter.

»Guten Murks«, sagt der Mann – Annika muss sich anstrengen, um nicht laut zu lachen. Später erklärt ihr

Matthias, dass der ehemalige Schauspieler beim Reden nicht nur Schwierigkeiten mit der Aussprache hat. Er sagt auch aus Versehen Wörter, die er gar nicht sagen möchte, oder unsinnige Worte mit Buchstabendrehern. Und er versteht auch oft nicht, was man ihm erzählt. Denn der Schlaganfall hat seine linke Hirnhälfte massiv geschädigt. Dort werden die willkürlichen Bewegungen der rechten Körperhälfte gesteuert, das Gehirn arbeitet hier sozusagen über Kreuz.

## Kleiner Schaden – eigenartige Wirkung

In der linken Hirnhälfte haben meist auch wichtige Funktionen beim Verstehen und Formulieren von Sprache ihren Sitz. »Ich habe da schon die verrücktesten Dinge gesehen«, sagt Matthias zu Annika und erzählt von einer Frau, die nichts von dem verstehen konnte, was man ihr in normaler Sprache sagte. Ihre Betreuer und ihre Verwandtschaft mussten das, was sie ihr sagen wollten, *singen*. Nur so konnte die Frau die Worte begreifen. Der kleine Teil des Gehirns, in dem Alltagssprache verarbeitet wird, war offenbar geschädigt. Ein anderer Teil des Hirns, in dem mit Musik verbundene Sprache wahrgenommen wird, hat aber noch gearbeitet.

Solche Störungen sind selten, ebenso wie Fälle, in denen Patienten nur bestimmte Dinge nicht mehr benennen können. So haben manchmal Kranke nur für spezielle Gruppen von Begriffen die passenden Wörter nicht parat. Ein Patient kann zum Beispiel noch halbwegs normal sprechen, doch ihm fehlen die Worte, um bestimmte Dinge zu benennen – etwa Werkzeuge. So wie im Fall eines alten Bergmanns, dem man einen Hammer zeigt: Er weiß zwar, was das ist, was er da sieht. Er weiß auch, wie man damit umgeht. Doch das Wort »Hammer« bringt er nicht mehr heraus. Vermutlich ist eine winzig kleine Region seines Hirns geschädigt, in der vor allem die Begriffswelt rund um Werkzeuge ihren Ort hat.

Solche oftmals nur minimalen Störungen können sehr eigentümliche Symptome hervorrufen. So gibt es Patienten, die weitgehend gesund erscheinen, aber die Funktion bestimmter Gegenstände nicht mehr kennen. Sie wissen nicht mehr, dass Seife und Waschbecken dazu da sind, um sich zu waschen. Der Arzt sagt ihnen, sie sollen zu einem Becken gehen und sich die Hände waschen – und sie wissen nicht, wie es geht. Sie leiden unter einer *Apraxie*. Andere Patienten, die ansonsten fast keine Beeinträchtigung haben, können nicht mehr rechnen. Man spricht hier von *Akalkulie*. Es gibt auch Patienten, die unter *Alexie* leiden. Sie können nicht mehr lesen. Oder sie können nicht mehr schreiben, dann leiden sie unter *Agraphie*.

## Jugend ist kein Schutz

In den ersten Tagen ihres Praktikums ist Annika oft noch schockiert von dem, was sie in der Physiotherapie-Praxis sieht. Doch ihr Gehirn lernt bald, mit diesen Eindrücken umzugehen: Was Annika anfangs verunsichert hat, beginnt sie schon bald zu verstehen, zu verarbeiten. Und sie gewöhnt sich auch an schlimme Anblicke. Die Gewöhnung macht es ihr möglich, mit Schlaganfall-Patienten, MS-

Kranken oder Parkinson-Betroffenen zu reden, ohne dass sie in ihnen immer nur die Kranken sieht.

Der letzte Tag ihres Praktikums bringt allerdings noch einmal ein aufwühlendes Erlebnis mit sich. Matthias nimmt sie zu einem Hausbesuch mit. Auf der Fahrt dorthin bereitet er Annika darauf vor, dass sie sich um einen Patienten kümmern werden, der außergewöhnlich früh von einer schweren Krankheit namens *Amyotrophe Lateralsklerose*, kurz ALS, betroffen ist. Normalerweise bricht sie erst nach dem vierzigsten Lebensjahr aus. Der Patient, den sie aufsuchen, ist gerade erst 25. Er wird wahrscheinlich bald sterben.

Pascal liegt im Bett, als sie in sein Zimmer kommen. Seine Arme liegen völlig schlaff auf der Bettdecke. Sein Hals ist auf eine Nackenrolle gebettet, damit der Kopf nicht zur Seite kippt. Fast alle Muskeln sind gelähmt. Pascal kann seine Beine ebenso wenig bewegen wie seine Arme oder seinen Kopf. Die nicht mehr benutzten Muskeln haben sich fast vollständig zurückgebildet. An Armen, Händen und Beinen zeichnen sich überdeutlich Knochen und Sehnen ab. Auf der Fahrt zu Pascal hat Matthias Annika erklärt, was bei der ALS geschieht.

Die aus zwei Abschnitten zusammengesetzten Nervenbahnen, über die das Hirn Befehle für willkürliche Bewegungen an die Gliedmaßen sendet, gehen zugrunde. Bei anderen Krankheiten wird oft nur einer dieser beiden Abschnitte beschädigt, bei der ALS ist die Schädigung besonders dramatisch und auch rasant. Vom ersten noch unscheinbaren Symptom, zum Beispiel häufigem Stolpern beim Fußball, bis zum Tod vergehen oft nur zwei Jahre. Während dieser Zeit muss der Kranke bei völlig wachem

Geist miterleben, wie er die Kontrolle über seine Bewegungen verliert. Er kann nicht mehr gehen, nicht mehr greifen, nicht mehr sprechen, nicht mehr schlucken. Am Ende setzt die Atembewegung des Brustkorbs aus. Der Patient stirbt an der bislang unheilbaren Nervenerkrankung.

Bei Pascal wurde die Krankheit vor eineinhalb Jahren diagnostiziert. Er kommt, wenn er von zwei Helfern gestützt wird, noch aus dem Bett und kann mithilfe des Physiotherapeuten einige Schritte auf seinen Rollstuhl zugehen. Dabei kippt Pascals Kopf nach vorn. Alles dauert sehr lange, Annika schaut sich im Zimmer um und sieht Bilder an der Wand hängen, die der junge Mann gemalt hat. Er studierte bis zu seiner Erkrankung Kunst. »Der war ein ziemlich vielversprechender junger Maler«, hat Matthias auf der Fahrt zu Pascals Wohnung gesagt.

Pascal sitzt inzwischen in seinem Rollstuhl und will offensichtlich Annika und ihren Chef ansprechen. Doch was der junge Mann zu äußern versucht, ist völlig unverständlich. Weil er seinen Arm nicht mehr selbst heben kann, schleudert er ihn mit einer Bewegung der Schulter auf eine Ablage an der rechten Seite des Rollstuhls. Dort ist eine Tastatur angebracht. Auf ihr beginnt Pascal mit dem Zeigefinger einen Text einzugeben. Es ist der letzte seiner Finger, den er noch heben kann. Immer wenn er ein Wort getippt hat, hört man die Stimme eines Sprachcomputers.

Pascal berichtet dem Krankengymnasten auf diese Weise von Krämpfen in seinen Beinen. Matthias macht mit Pascal Übungen, um ihm zu helfen. Der Hausbesuch dauert nur eine dreiviertel Stunde. Annika kommt es vor wie eine Ewigkeit. Pascals Geschichte wühlt sie auf, bestärkt sie

Der weltbekannte Physiker Stephen Hawking hat durch eine Erkrankung seiner Nervenbahnen die Kontrolle über seinen Körper fast komplett verloren – dennoch ist sein Geist völlig klar.

aber zugleich in ihrem Entschluss, Krankengymnastin zu werden. »Wenn sich etwas für Menschen tun lässt, die von ihren Nerven im Stich gelassen werden, dann sollte man es tun«, meint Matthias zum Abschluss des Praktikums. Annika merkt sich diesen Satz für ihr ganzes Leben.

# 8

# DER KÖRPER
# IM STAND-BY-MODUS

## Was im Schlaf passiert

Marcel fühlt sich mehr als eigenartig. Er kann sich nicht vorstellen, wie er mit all diesen Gerätschaften an seinem Körper schlafen soll. Ein Pfleger schnallt ihm gerade einen Gurt um den Bauch, mit dem während der Nacht gemessen wird, wie oft er atmet. Vorher hat man ihm bereits mehr als 20 Elektroden an Finger, Arme, Beine, Gesicht und die Kopfhaut geklebt, mit denen die Ärzte verschiedenste Funktionen seines Körpers und Gehirns aufzeichnen. Marcel versteht nicht alles, was mit ihm geschieht. Doch er befolgt genau, was ihm die Pfleger und Ärzte sagen. Schließlich ist der 19-Jährige in das Schlaflabor der Universitätsklinik seiner Stadt gekommen, um Hilfe zu finden.

Seit Jahren schon kommt Marcel morgens beim besten Willen nicht aus dem Bett. Nachts kann er vor zwei oder drei Uhr nicht einschlafen, auch wenn er sich noch so bemüht. Wenn morgens um sieben oder noch früher der Wecker klingelt, fühlt er sich wie ein lebender Leichnam. Immer wieder ist er zu spät zur Schule gekommen. Den Abschluss hat er nur mit Mühe und Not geschafft. Doch danach ist er bei drei Lehrstellen rausgeflogen, weil er ständig zu spät zur Arbeit kam und morgens zu nichts zu gebrauchen war. Als er auch noch Termine bei der Arbeitsagentur verpasste und ihm das Arbeitslosengeld gesperrt wurde, ging er zum Arzt. Der wiederum schickte ihn ins Schlaflabor.

Nach drei Nächten, in denen die Ärzte mit verschiedenen Apparaten Marcels Schlaf – oder auch sein Wachsein – beobachten, ist die Diagnose klar: »Syndrom der verschobenen Schlafphase.« Der junge Mann wird einige Stunden später müde als andere Menschen. Dementsprechend ist seine innere Uhr dann, wenn für andere der nächste Tag beginnt, eigentlich auf Tiefschlaf eingestellt. Für ihn sei Aufstehen um sieben genauso, als ob man andere Leute um halb drei in der Nacht aus dem Bett scheucht, erklärt ihm der Arzt am Ende der Untersuchungen. Marcel glaubt es ihm sofort. Richtig glücklich ist er mit der Diagnose aber nicht, denn es gibt keine Pille oder Therapie, mit der sich sein Problem schnell lösen ließe. Doch immerhin hat er jetzt eine medizinische Bestätigung, dass es keine Faulheit ist, wegen der er seine Lehrstellen verloren und die Termine bei der Arbeitsagentur verpatzt hat. Trotzdem bleiben bei Marcel einige Fragen offen. Denn warum seine »Schlafphase« verschoben ist, können ihm die Ärzte nicht genau sagen.

## »Volltanken und Inspektion bitte« – aber nicht an der Tankstelle

Weshalb der menschliche Körper Ruhe benötigt, die er sich im Schlaf holt, ist vergleichsweise einfach zu erklären: Die Muskulatur verbraucht Energie, und diese Energie muss irgendwann wieder aufgetankt werden. Auch Menschen, die sich kaum bewegen, kommen nicht ohne diese Auftank-Pausen aus. Denn allein schon den Körper eines Warmblüters zu haben, bedeutet einen beträchtlichen Energieaufwand. Das Blut auf der üblichen Betriebstemperatur von rund 37 Grad Celsius zu halten, kostet viel Brennstoff.

Diesen Energieaufwand komplette 24 Stunden durchzuhalten, wäre zu viel. Deswegen schaltet der Körper für rund ein Drittel des Tages sozusagen einen Gang herunter. Im Schlaf sinkt die Körpertemperatur ab, weswegen man üblicherweise nur unter einer kuscheligen Decke gut schläft, es sei denn, es ist gerade Hochsommer. Ein türkisches Sprichwort bringt es auf den Punkt: »Auf den Schlafenden schneit es immer.« Im Schlaf schlägt aber auch das Herz ruhiger, die Atmung verlangsamt sich, der Blutdruck sinkt. Der gesamte Kreislauf sammelt Kraft für die nächste Wachphase.

Auch gehen die Wissenschaftler davon aus, dass der Körper die Ruhe des Schlafs nutzt, um das Immunsystem auf höheren Touren laufen zu lassen. Schäden an den Zellen können im Schlaf besonders gut repariert werden – ein Grund, weshalb man während einer Krankheit oft viel mehr schläft als sonst. Bei Kindern und Jugendlichen schließlich nutzt der Körper die Schlafzeit, um mit Hochdruck zusätzliche Zellen aufzubauen. Wachstum findet vor allem im Bett statt. Fünfjährige, Zwölfjährige oder auch 16-Jährige sind morgens tatsächlich oft ein winziges bisschen größer als am Abend vorher beim Einschlafen.

## Die Nacht ist zum Schlafen da

Theoretisch könnten sich die Menschen auch tagsüber zum Schlafen hinlegen. Doch weil das menschliche Auge so gebaut ist, dass es nur bei einer gewissen Helligkeit wirklich gut funktioniert, hat sich die Natur entschieden, den Schalter dann auf »Müdigkeit« umzulegen, wenn es dunkel wird. Ein *Wachzentrum* und ein *Schlafzentrum* im Hirn stehen dabei in einem Wechselspiel und schütten unterschiedliche Botenstoffe aus, um entweder für Ruhe im Körper zu sorgen oder aber für Aktivität. Eine zentrale Rolle haben dabei zwei Bündel von Nervenzellen über den Sehnerven, von denen jedes gerade mal so groß ist wie ein Reiskorn. Dieser *Suprachiasmatische Nucleus*, kurz SCN, gibt den Takt für die innere Uhr vor und sorgt mit dafür, dass der Körper regelmäßig bekommt, was er braucht: Ruhe.

Das Wechselspiel von Wachmacher- und Müdigkeits-Botenstoffen ist also ziemlich raffiniert, ebenso wie der gesamte Prozess des Hin- und Herwechselns zwischen Einschlafen, Schlafen und Aufwachen. Dementsprechend leicht kann es geschehen, dass dieser komplexe Prozess durcheinandergerät. Es gibt ganz unterschiedliche Formen von Schlafstörungen. Alle führen dazu, dass der Schlaf keine ausreichende Erholung bringt. Und die Zahl derer, die darunter leiden, ist beträchtlich. In den Industrieländern hat schätzungsweise rund ein Zehntel der Menschen ein Schlafproblem.

## Ein Rätsel der Hirnforschung

Seit einigen Jahrzehnten erforschen Mediziner nicht nur den Schlaf, sie versuchen auch Schlafgestörten zu helfen. Dabei stehen sie allerdings vor einigen Fragen, die noch nicht in allen Details beantwortet sind, zum Beispiel die ganz simple Frage: Warum wechselt das Hirn beim Schlafen in einen völlig anderen Bewusstseinszustand?

Auftanken und reparieren – diese Aufgaben könnte der Körper wahrscheinlich auch erledigen, wenn man sich bei völlig klarem Bewusstsein ein paar Stunden ruhig hinlegt. Doch im Schlaf verfallen Menschen in eine viel tiefere Ruhe. Wer schläft, klinkt sich aus dem Alltagsleben aus, das Gehirn versinkt in eine Art Bewusstlosigkeit. Eigentlich ein ausgesprochen rätselhafter Zustand, wenn man etwas darüber nachdenkt: Wer schläft, ist zwar noch am Leben. Aber es ist eine ganz eigentümliche Form des Lebens. Seit vielen Jahrtausenden haben Menschen den Schlaf deshalb als »Bruder des Todes« bezeichnet.

Und es ist auch erst einmal rätselhaft, welche Vorteile es haben soll, zu schlafen. Im Schlaf ist der Mensch völlig wehr- und hilflos. Schließlich sind die Augen ja geschlossen, um die Nervenbahnen von äußeren Eindrücken abzuschotten. Das Gehör ist wesentlich weniger aufnahmebereit. Wer tief schläft, reagiert – anders als im Wachzustand – nicht, wenn ihn jemand anspricht. Sogar gegen Berührung und Bewegung wird der Körper ausgesprochen unempfindlich. Nicht nur Kinder kann man im Tiefschlaf wegtragen, ohne dass sie aufwachen. Auch Jugendliche und Erwachsene sind manchmal so tief im Schlaf versunken, dass sie gar nichts mehr mitbekommen. Im Schlaf liefert sich der Mensch also schutzlos allen möglichen Gefahren aus. Doch dieses Versinken in Bewusstlosigkeit hat offenbar seinen Sinn.

## Schläfern in den Kopf geschaut

Warum das Gehirn sozusagen in den Stand-by-Modus schaltet, beginnen die Wissenschaftler erst seit einigen Jahren richtig zu verstehen. Dazu müssen sie allerdings zunächst einmal herausfinden, was während des Schlafens im Kopf passiert. Zu diesem Zweck haben die Forscher Schlaflabors eingerichtet, in denen sie Schläfer untersuchen. Die modernsten Verfahren, um das Gehirn zu durchleuchten (wie fMRT oder PET), eignen sich allerdings nicht dazu, die Köpfe von schlafenden Männern, Frauen und Kindern zu erforschen. Denn in diesen Strahlen-Röhren findet kein normaler Mensch Ruhe, sie sind zu laut und zu eng. Es gibt jedoch andere Methoden, mit denen Forscher herauszufinden versuchen, was beim Schlafen im Kopf geschieht. Versuchspersonen bekommen Elektroden an verschiedene Stellen des Körpers geklebt, so wie Marcel, der wegen seiner Schlafprobleme ärztliche Hilfe gesucht hat.

Mit Sensoren messen die Wissenschaftler, wie oft jemand im Schlaf seine Beine bewegt oder wann er hinter den geschlossenen Augenlidern die Augen hin und her rollt. Und über Elektroden, die auf der Kopfhaut angebracht werden,

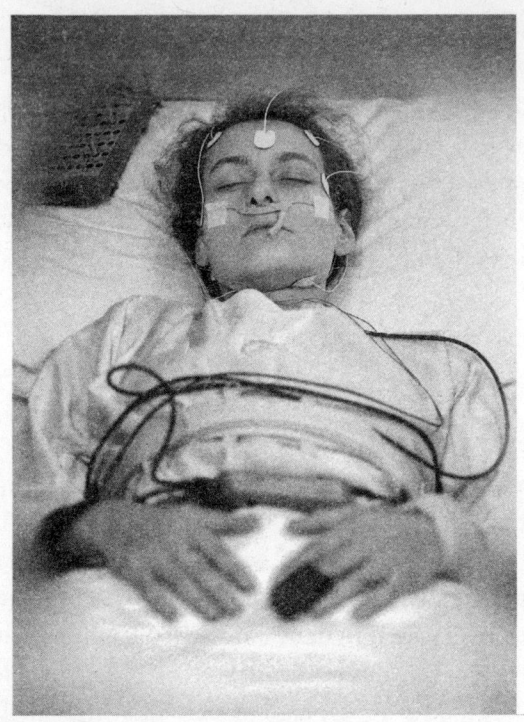

In Schlaflabors messen Ärzte Hirnaktivität, Atmung oder Augenbewegungen von Patienten, um Erkenntnisse über die Vorgänge beim Schlafen zu gewinnen.

messen die Wissenschaftler mit einem Elektroenzephalogramm (EEG) während des Schlafs winzige Veränderungen der elektrischen Spannung im Gehirn. Die verschiedenen Kurven, die die Wissenschaftler auf diese Weise erhalten, machen deutlich, dass zu verschiedenen Zeiten unterschiedliche Teile des Gehirns aktiver oder weniger aktiv sind. Und die Forscher konnten klar zeigen, dass sich der Schlaf in mehrere, recht unterschiedliche Phasen unterteilt

Auf ein Hinübergleiten, das üblicherweise nur wenige Minuten dauert, folgt der sogenannte »Leichtschlaf«, dann der »Mittelleichtschlaf« und schließlich der »Tiefschlaf«. Die Kurven, auf denen Schlafforscher den Verlauf einer Nacht aufzeichnen, zeigen mehrere Stufen, die Schritt für Schritt nach unten führen, bis der Schlaf seinen wirklich tiefsten Punkt erreicht hat. Dann liegt der Körper völlig ruhig da, selbst die wenigen Bewegungen von Armen oder Beinen, mit denen Schlafende sich immer wieder umbetten, sind im Tiefschlaf noch einmal vermindert. Auf den Tiefschlaf folgt üblicherweise eine Phase, in der der Schläfer für einige Minuten seine Augen hinter den geschlossenen Lidern intensiv hin und her bewegt. Von »Rapid Eye Movements« (REM) sprachen amerikanische Forscher, als sie in den 1950er Jahren diese seltsamen Augenbewegungen erstmals dokumentierten. Daher wurde diese Phase als REM-Schlaf benannt.

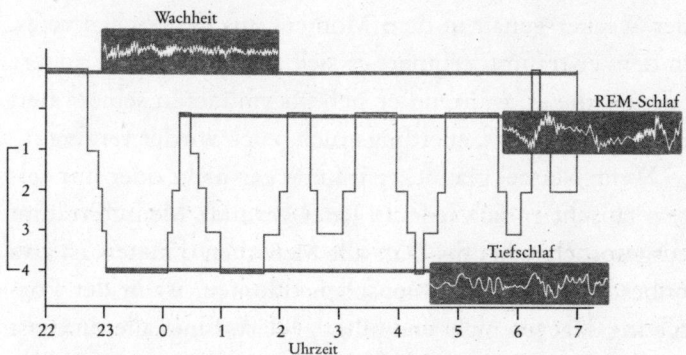

Nach dem *Einschlafen* (1) folgen *Leichtschlaf* (2), *Mittelleichtschlaf* (3) und *Tiefschlaf* (4). Dann geht es die »Treppe« wieder hinauf zum *REM-Schlaf* – in einem Rhythmus, der sich bei Gesunden meist drei- bis viermal wiederholt.

Die Minuten, in denen die Augen hin und her zucken, sind ganz besondere Momente. Es ist inzwischen erwiesen, dass in jeder Schlaf-Phase Träume vorkommen, doch in der REM-Phase sind sie wesentlich lebhafter als sonst. Und so, wie Menschen im Wachzustand die Augen hin und her bewegen, wenn sie etwas anschauen, so bewegen sie auch im REM-Schlaf die Augen, während Traumbilder in ihrem Hirn entstehen.

## Leben in Traumwelten

Die meisten Träume verschwinden ins Nichts, in der Regel erinnert man sich nur an geträumte Bilder, Geräusche oder Gefühle, wenn man direkt aus einem Traum aufwacht. Deshalb glauben viele, sie würden nur sehr selten träumen. Marcel etwa hat über Wochen hinweg den Eindruck, er träume überhaupt nicht mehr. Nur wenn ihn morgens der Wecker genau in dem Moment aus dem Schlaf reißt, in dem er träumt, erinnert er sich an die eine oder andere Szene – die er, während er sich übermüdet in seinem Bett hin und her wälzt, allerdings ruck, zuck wieder vergisst.

Wenn Marcel glaubt, er träume gar nicht oder nur selten, täuscht er sich jedoch. Jeder gesunde Mensch träumt ausgesprochen häufig. *Dass* alle Menschen träumen, ist also unbestritten. *Warum* Menschen träumen, ist in der Forschung dagegen nicht endgültig geklärt. Eines allerdings ist sicher: Träumen ist wichtig für das Hirn. Unter anderem, um träumen zu können, wird beim Einschlafen der Hebel auf »völlige Ruhe« gelegt.

In früheren Jahrhunderten war den Menschen die Funk-

Albträume machen nur einen geringen Teil aller Träume aus –
doch oft sind sie umso beunruhigender. Aus dem Bild »Der
Schlaf der Vernunft gebiert Monster« (1797/98) von Francisco
Goya lässt sich ahnen, wie der spanische Künstler unter seinen
Traumbildern gelitten hat.

tion der Träume noch weit rätselhafter als heute. Bei den
alten Griechen oder Römern galten Traumbilder als Botschaften der Götter oder als geheimnisvolle Fingerzeige des
Schicksals. Anfang des 20. Jahrhunderts dann stellte der
Psychologe Sigmund Freud die These auf, dass Menschen
in Träumen geheime Wünsche ausleben oder dass sich im
Traum unterdrückte Ängste zeigen. Später gab es vor allem

unter amerikanischen Forschern eine Gegenbewegung zu Freud. Sie sahen in den Träumen nur mehr oder minder sinnlose Funksignale, die bestimmte Regionen des Gehirns aussenden. Andere Teile des Hirns, die dafür zuständig sind, Zusammenhänge herzustellen, basteln anschließend aus diesen wirren Signalen mit Müh und Not Geschichten, die mitunter entsprechend verworren ausfallen – so erklärten Anhänger dieser Forschungsrichtung die Bilder, die während des Schlafs im Kopf entstehen.

Allerdings ist inzwischen auch nachgewiesen, dass der Großteil der Träume keineswegs besonders exotisch oder ungewöhnlich ist. Meist entsprechen die Bilder, die ein Schläfer vor dem inneren Auge hat, den Situationen, die er tagsüber mit geöffneten Augen erlebt hat. Wer tagsüber Streit mit dem Nachbarn hatte, trägt möglicherweise auch im Traum einen Streit aus. Deshalb ist eine andere These über die Funktion von Träumen heute besonders weit verbreitet: Träume könnten einen Beitrag dazu leisten, Erlebtes zu verarbeiten, Eindrücke zu sortieren, Erfahrungen abzuspeichern.

## Nähmaschine und Benzolring: Traumhafte Eingebungen

So könnten sich auch geradezu übersinnliche »Eingebungen« erklären, von denen es etliche Berichte gibt. Der Chemiker Alexander Kekulé hat lange Zeit über die Frage nachgegrübelt, welche Form das Molekül von Benzol hat. Er wusste zwar, wie viele Kohlenstoffatome im Benzol enthalten sind, aber er konnte nicht herausfinden, in welcher

Form diese Atome miteinander verbunden sind. Dann erschien ihm im Traum eine Schlange, die sich in den Schwanz biss, erzählte Kekulé – und er hatte die Lösung: Das Benzolmolekül ist ringförmig.

Auch vom Chemiker Mendelejew heißt es, er habe im Traum gesehen, wie er das Periodensystem der chemischen Elemente anordnen muss, damit es einen Sinn ergibt. Dem Erfinder der Nähmaschine, Elias Howe, soll während des Schlafs die Idee gekommen sein, wie er das bis dahin sehr mühselige Zusammennähen von Kleidung oder Wäsche revolutionieren könnte.

Moderne Schlafforscher sehen in solchen Berichten nicht unbedingt etwas Geheimnisvolles. Vielmehr gilt es inzwischen als wahrscheinlich, dass das Gehirn im Schlaf – und vor allem beim Träumen – nicht nur erlebte Situationen verarbeitet und Unwichtiges von Wichtigem trennt. Das Hirn spielt im Schlaf offenbar ohne bewusste Steuerung verschiedene Möglichkeiten zur Lösung von Problemen durch. Auf diese Weise erklärt sich, dass manche Schwierigkeit leichter zu bewältigen ist, wenn man ganz sprichwörtlich »erst mal drüber geschlafen« hat.

## Im Tiefschlaf auf den Beinen

Üblicherweise liegt ein Schläfer während des Träumens völlig ruhig da. Es gibt allerdings auch Ausnahmen. Schlafwandler rudern mit den Armen, schlagen mit den Beinen, setzen sich im Bett auf, laufen manchmal sogar umher, ohne dabei wach zu werden. Sie setzen ihre Träume in Bewegungen um, so ist eine Erklärung für manche Handlung während des Schlafwandelns. Warum die einen Menschen schlafwandeln und andere nicht, lässt sich aber nicht zu hundert Prozent beantworten. Auffällig ist jedoch, dass das Schlafwandeln bei Kindern um das zwölfte Lebensjahr herum besonders häufig auftritt. Bei ihnen lautet eine Erklärung, dass bestimmte Mechanismen im Gehirn, die das Schlafen regeln, noch nicht voll ausgereift sind.

Auch wenn noch nicht alle Rätsel um den *Somnambulismus* gelöst sind, so gilt doch vieles, was man sich über Schlafwandler seit Jahrhunderten erzählt, heute als Irrglaube. Das Umherwandern hat ziemlich sicher nichts mit dem Vollmond zu tun, wie viele meinen. Auch gibt es die sprichwörtliche *schlafwandlerische Sicherheit* leider nicht. Niemand kann auf einem Dachfirst spazieren gehen, ohne sich dabei in Gefahr zu bringen. Wenn sich ein Schlafwandler daranmacht, aus dem Dachfenster zu steigen, sollte man ihn lieber aufhalten. Denn auch eine andere Volksweisheit hat sich als Irrtum herausgestellt. Wer glaubt, dass es gefährlich sei, Schlafwandler zu wecken, der täuscht sich.

## Die Schule der Träume

Auch wenn beim Thema Schlaf die Neurowissenschaftler noch viele offene Fragen haben, so ist doch *eines* weitgehend gesichert: Schlafen ist enorm wichtig, wenn es darum geht, sich später an etwas zu erinnern. Vor allem beim Erlernen neuer Fähigkeiten – beispielsweise Bewegungen für eine Turnübung oder Läufe auf der Tastatur eines Klaviers – ist der Schlaf hilfreich, um das Gelernte im Gehirn zu verankern. Testpersonen, die eine bestimmte Abfolge von Fingerbewegungen geübt haben und hinterher ungestört schlafen dürfen, beherrschen die Abfolge besser als andere Testpersonen, denen der Schlaf erst einmal verweigert wird. Auch wenn es darum geht, neues Wissen zu behalten – beispielsweise Wörter einer Fremdsprache oder mathematische Formeln –, ist guter Schlaf wichtig.

Völlig im Klaren sind sich die Wissenschaftler über die Zusammenhänge noch nicht. Doch wahrscheinlich kann das Gehirn nur dann Erinnerungen und Gelerntes in sogenannten »Repräsentationen« der Nervenzellen verankern (siehe Kapitel 10), wenn nicht gleichzeitig neue Eindrücke auf die Nervenbahnen einströmen. Auch wer zum Beispiel Spielkarten sortieren will, täte sich damit schwer, wenn ihm ständig neue Karten hingeworfen würden. Die Aufgabe ist nur zu bewältigen, wenn man in Ruhe einen Stapel ordnet. Dann erst kann man sich einen neuen, ungeordneten Haufen vornehmen. Genauso ist der Schlaf eine Phase der Ruhe ohne neuen *Input*, in der das Hirn die Eindrücke, die es tagsüber gesammelt hat, sortieren kann.

## Übermüdung – der Fluch der Neuzeit

Energie tanken, Schäden an den Zellen reparieren, Erfahrungen sortieren, Erinnerungen abspeichern – um diese vielfältigen Aufgaben zu bewältigen, benötigen Körper und Hirn beträchtlich viel Zeit. Teenager brauchen eigentlich neun bis zehn Stunden. Grundschulkinder sollten zehneinhalb bis 13 Stunden schlafen. Deutlich über acht Stunden sollte auch ein Erwachsener schlafen, darin ist sich die Mehrheit der Forscher einig.

Doch die meisten Menschen gönnen sich weniger Schlaf, als ihnen eigentlich guttäte. Der Schnitt unter Erwachsenen liegt bei weniger als siebeneinhalb Stunden. Warum wir jeden Tag ein bis zwei Stunden weniger schlafen, als Körper und Hirn vertragen könnten, liegt auf der Hand: Seit der Erfindung der Glühbirne lässt sich die Nacht durch künstliche Beleuchtung zum Tag machen. Und wer ein intensives Leben führen möchte, glaubt meist, dass der Tag allein dafür nicht reicht. So ist es kein Zufall, dass seit Beginn des Industriezeitalters die durchschnittliche Schlafzeit um ein bis zwei Stunden gesunken ist, also um genau die Spanne, die vielen Menschen fehlt, um wirklich ausgeschlafen zu sein.

Marcel hat nach seinem Aufenthalt im Schlaflabor allerdings eine ganz besondere Erklärung, warum er ständig übermüdet ist. Sein aus dem Takt geratener Schlafrhythmus passt einfach nicht mit dem Rhythmus der normalen Arbeitswelt zusammen. Die Ärzte empfehlen ihm deshalb etwas, was bei den meisten anderen Menschen als potenziell gesundheitsschädlich gilt: Er soll versuchen, eine Arbeit zu finden, die es ihm erlaubt, von spätnachts bis gegen Mittag zu schlafen. Für Marcel ist damit klar, welche Karriere für ihn vorgezeichnet ist: Er wird der Star unter den Barmännern in den Clubs seiner Stadt. Und zwar auf ärztlichen Rat.

# 9

# KOPF IM WAHN

## Wenn Geist und Seele krank werden

Alex kann es immer noch nicht glauben. Er ist in einem Krankenhaus, und es riecht so durchdringend nach kaltem Zigarettenrauch, wie er es noch nie erlebt hat. Er schlurft durch den langen Gang, von dem seitlich Türen zu den Patientenzimmern abgehen. Am Ende des Flurs ragt eine Art Kanzel halbkreisförmig in den Gang hinein. In dieser Glaskanzel sitzt ein Pfleger, der von dort aus alles über-wachen kann. Er nickt Alex zu, als der zum Raucher-zimmer abbiegt, das die gesamte geschlossene psychia-trische Abteilung nach Qualm riechen lässt.

Es ist Alexanders vierter Tag auf der Station, und er kennt sich schon gut aus. Im Raucherzimmer sitzen fünf Männer und drei Frauen vor überquellenden Aschen-bechern. Alex ist der Jüngste, die meisten anderen sind etwa im Alter seiner Eltern, auch eine sehr alte Frau ist dabei. Alle haben ihre Geschichte, die sie hierhergeführt hat. Keinem sieht man sie sofort an. Alexanders Geschichte ist: Er hat vor vier Tagen versucht, sich umzubringen.

Seine Mutter hat ihn mit tiefen Schnitten an den Unterarmen gefunden. Er hatte sich ein besonders scharfes Küchenmesser gesucht und erst einige kleine Schnitte in seine Arme geritzt. Dabei hat er kaum etwas empfunden. Dann hat er seine ganze Kraft zusammengenommen und den linken Unterarm aufgeschlitzt. Als seine Mutter ihn fand, war er bewusstlos. Die Ärzte haben die Wunden genäht, die Arme dick bandagiert und ihm Medikamente gegeben. Inzwischen kann er halbwegs gelassen auf das zurückschauen, was hinter ihm liegt.

## Am Abgrund

Seit Monaten war die Welt in seinen Augen immer finsterer geworden. Er hätte sich das vorher nicht vorstellen können. Seinen 16. Geburtstag hatte er noch einigermaßen normal gefeiert. Doch in den Monaten danach fühlte er sich auf einer Rolltreppe nach unten. Was ihn vorher begeistert hatte – Eisessen gehen, Nachmittage im Schwimmbad verbringen –, wurde ihm gleichgültig. Immer wieder mitten in der Nacht wachte er auf und konnte nicht mehr einschlafen. Wenn er nachts wach lag, aber auch tagsüber immer wieder, musste er an peinliche Situationen denken, die ihm schon lange zuvor passiert waren. Und er schämte sich dafür, als ob all die Peinlichkeiten gerade erst geschehen wären.

Er konnte nicht aufhören, immer wieder zu denken, er sei ein Versager, der nichts hinbekommt: In der Schule nicht, mit Freunden nicht und vor allem mit diesem Mädchen nicht, in das er sich verliebt hatte. Seine Augen sahen, dass es morgens hell wurde, doch sein Kopf steckte wie in einem dunklen Loch. Er hatte das Gefühl, dass den ganzen Tag über alles schwarz blieb. Irgendwann versuchte er gar nicht mehr, aufzustehen. Seine Mutter musste ihn mit Gewalt aus dem Bett ziehen. Was er draußen erlebte, bestärkte ihn nur in seiner Sicht der Welt: Alles Scheiße. Schließlich machte seine Freundin mit ihm Schluss. Sie halte es mit ihm nicht mehr aus, hatte sie gesagt.

Jetzt, vier Tage nach seinem Selbstmordversuch, fühlt sich Alex zwar nicht gut, doch er fühlt sich besser. Zwei Tage lang haben ihn die Ärzte unter Beruhigungsmittel gesetzt, abends haben sie Infusionen direkt in seine Blutbahn laufen lassen. In seinem Kopf sei einiges aus dem Gleichgewicht geraten, hat ihm ein Arzt erklärt. Und die Medikamente würden helfen, das Gleichgewicht wiederherzustellen.

## Gefährliche Schieflage

Nicht nur Alexanders Ärzte sind dieser Meinung. Es gilt in der Medizin inzwischen als allgemein anerkannt, dass bei einer großen Zahl von psychischen Erkrankungen Überträgerstoffe im Gehirn aus der Balance geraten. Bei der Depression sind es vor allem die Transmitter Serotonin und Noradrenalin. Was bei einer Depression auf der Ebene der Nervenzellen genau vor sich geht, ist den Wissenschaftlern noch nicht klar. Doch es hat sich gezeigt, dass sich Depressive oft deutlich besser fühlen, wenn sie Arzneien bekommen, die dafür sorgen, dass diese Stoffe im Gehirn besser verfügbar sind. So wie es auch mit Alex geschehen ist: Seine Ärzte haben ihm sogenannte Antidepressiva gegeben.

Bei ihm haben die Medikamente ihre volle Wirkung allerdings noch nicht entfaltet. Er ist zwar durch die Beruhigungsmittel aus der akuten Krise wieder heraus, doch Alex ist noch nicht »stabil«, wie die Ärzte es nennen. Immerhin ist er zeitweise wieder klar genug im Kopf, dass er beobachten kann, was in seiner Umgebung geschieht. Und er interessiert sich auch wieder dafür, was für Menschen um ihn herum sind. Es sind ganz verschiedene Leute, die gleichzeitig mit ihm in der geschlossenen Abteilung behandelt werden.

Da ist dieser Mann, der erst am Vortag aufgenommen wurde, weil er sich mit jemandem geprügelt hatte. Als er auf die Station kam, war er völlig aufgedreht und erzählte Alex innerhalb weniger Minuten seine ganze Lebensgeschichte, oder zumindest das, was er dafür hielt. Er berichtete ihm auch, was er in den vergangenen Tagen für super Schnäppchen erstanden habe. Drei Fahrräder auf Vorrat. Einen Whirlpool-Einsatz für die Badewanne. Zwei Sets Silberbesteck. Sein altes Auto hatte er verkauft und wollte gerade ein neues kaufen, als er mit dem Händler in Streit geriet. Doch damit nicht genug. Der Mann schwärmte von tausend Projekten, die er in Planung habe und alle noch in dieser Woche anschieben wolle. Ein Buch wolle er schreiben, alles sei schon in seinem Kopf, sagte der Mann. Als diese Erzählungen aus ihm heraussprudelten, wirkte er euphorisch, geradezu wie unter Drogen. Das war gestern.

Jetzt aber sitzt er völlig geknickt am Tisch und raucht eine Zigarette nach der anderen. Bei dem neuen Patienten hätten die Ärzte eine *bipolare Störung* festgestellt, hat der Pfleger Alex kurz erklärt. Kranke, die an dieser Störung leiden, wechseln zwischen *manischen* Phasen völliger Überdrehtheit und Selbstüberschätzung und depressiven Phasen. Dazwischen liegen oft auch Zeiträume, in denen die Betroffenen keine Probleme haben. Die Umschwünge zwischen den verschiedenen Stimmungslagen können sich in sehr unterschiedlichem Tempo ereignen. Manche Kranke bleiben jeweils wochenlang in einer manischen oder depressiven Phase, andere wechseln geradezu sprunghaft hin und her.

## Bewusstsein ohne Halt

Es gibt aber auch noch ganz andere Formen der Finsternis, in die Menschen stürzen können, hat Alex durch die anderen Patienten in der Psychiatrie erfahren. Da ist die alte Frau, die nachts immer fürchterlich schreit. Durch ihre Demenzerkrankung verliert sie den Kontakt zur Welt und findet sich überhaupt nicht mehr zurecht. Ihre Angstzustände machen ihr das Leben so sehr zur Hölle, dass sie versucht hat, aus dem Fenster zu springen.

Da ist die 18-jährige Plattenladen-Verkäuferin, die sich bis auf ihre Knochen heruntergehungert hat. Doch sie habe immer noch das Gefühl, zu dick zu sein, hat sie ihm erzählt.

Und da ist der junge Lehrer mit den etwas zerzausten roten Haaren. Seitdem Alex ihn kennengelernt hat, weiß er, was das Wort »schizophren« wirklich bedeutet. Der Lehrer hat Alex gleich bei der ersten Begegnung zugeflüstert, man habe ihn aus seinem Beruf herausgemobbt. Denn er sei dabei gewesen, eine Verschwörung aufzudecken, die sich an seiner Schule abspiele. Den Schülern seien bei Ausflügen nachts kleine Antennen eingepflanzt worden, um sie fernzusteuern. Seine eigene Wohnung, hat der ehemalige Lehrer Alex erzählt, sei ununterbrochen mit rätselhaften Strahlen beschossen worden, um ihn verrückt zu machen.

Der Geheimdienst habe die elektrischen Leitungen so manipuliert, dass die Agenten seine Wohnung über die Steckdosen abhören konnten. Er habe an den Bundeskanzler, an den Bundespräsidenten und an den ehemaligen Direktor seiner Schule geschrieben, doch keine Antwort erhalten. Die Manipulationen der fremden Mächte hätten dazu geführt, dass er plötzlich eine Stimme in seinem Kopf hörte, die alles, was er tat, kommentierte. »Schau dir den an, jetzt geht der schon wieder in *der* Hose raus«, habe die Stimme beispielsweise gesagt, oder: »Jetzt spült der schon wieder ab.« Schließlich habe die Stimme ihm befohlen, Tabletten zu nehmen – weshalb er in der Psychiatrie gelandet war.

Und er hat Alex einen Brief zugesteckt, den er dem ehemaligen Schuldirektor des Geschichtslehrers geben solle, wenn er wieder draußen wäre. Der Brief hatte keinen Umschlag, weshalb Alex nichts dabei fand, ihn zu lesen:

*Sehr geehrter Herr Oberstudiendirektor!*

*vor ein paar Jahren haben Sie uns, als ich noch bei Ihnen Schüler war, im Unterricht erzählt, wo die französischen Knochen der Weltkriege so liegen. Ich war dort, jetzt. Und eine Recherche in Reiseführern ergab, dass in Ver-*

dun lediglich das »monumente de victoires« ist; das über einen kleineren Durchsichtbereich Knochen zeigt.

Was Sie sicher nicht wissen, ist eine Stelle – vermutlich in Kroatien – an der eine große Schar Sinti (oder so) gegen Ende des WW2 von SS eingekreist wurden. Ein herbeibeorderter Flieger dachte sich »nur eine Bombe«? Für die direkt getroffenen wohl der Todesgrund: einige »Tanz-für-Geld«-Weibchen fühlten sich an den »Tanz-bis-zum-Umfallen«-Taumel erinnert. Eine schrittweise? systematische Kradmelderkette sorgte für die Daten zur Effizienz des Nervengases (das dort zum Einsatz kam).

Was Sie vielleicht schon wissen, ist, dass der Großvater eines Mitschülers (mir sicher bekannt!) an solchen Aktionen nicht unbeteiligt war. Was Sie wiederum nicht wissen dürften: Mindestens 4 Weltkriegsrussen lebten bis mindestens 1980 in der Region. Einer dürfte einen natürlichen Tod (Waldbewohner) gefunden haben. Als die anderen drei einer gezielten Russenjagd durch leicht schwachsinnige Besatzer zum Opfer fallen sollten, lief das Ding anders.

Zurück zu meinem Ausgangspunkt: Ich vermute die große Knochenablage etwa bei Dijon aufwärts. Jeder Depp wird von mir schon nicht erfahren, wo es ist.

Ein schönes Leben.


## Welt in Scherben

An solchen Briefen, wie sie mancher Schizophrene schreibt, lässt sich vieles erkennen, was diese Krankheit ausmacht: Die Gedanken springen hin und her. Die Kranken stellen

Assoziationen her, denen Gesunde nur mit großer Mühe folgen können. Eine Erklärung dafür ist, dass bei Schizophrenen bestimmte Aktivierungsabläufe der Neurone gestört sind. So gehen Wissenschaftler davon aus, dass Begriffsinhalte, aus denen wir Gedanken und Sätze zusammensetzen, jeweils in einzelnen Regionen der Großhirnrinde »abgelegt« sind.

Bei einem Gesunden werden die Begriffe, auf die er zugreifen muss, um klare Gedanken zu fassen, *gezielt* aktiviert. Auch Assoziationen von Begriffen, die etwas miteinander zu tun haben, verlaufen auf halbwegs geordneten Bahnen. Wenn man Gesunde auffordert, zu bestimmten Begriffen einen anderen passenden Begriff zu nennen, so sagt die Mehrzahl von ihnen meist das Gleiche: schwarz – weiß; Mutter – Kind; Tag – Nacht. Wenn allerdings die entsprechenden *Bahnungen* durch eine Krankheit gestört sind, werden gleichzeitig Begriffe mitaktiviert, die nur indirekt miteinander in Beziehung stehen. Ein Kranker könnte mit dem Begriff »schwarz« als Erstes »Ruhrpott« verknüpfen, weil dort früher viel Kohle gefördert wurde.

Es gibt auch Theorien, dass Teile des Gehirns, die dafür zuständig sind, Informationen zu filtern, nicht richtig arbeiten, weil ihre Funktion durch ein Ungleichgewicht bestimmter Überträgerstoffe gehemmt wird. Das führt dazu, dass zwischen verschiedenen Teilen des Gehirns weit mehr Informationen ausgetauscht werden als bei einem Gesunden. Die Realität der Welt, wie sie der Kranke bis dahin kannte, löst sich auf. Und er baut auch sein eigenes *Ich* auf eine ganz andere Weise in diese neue Welt ein, die auf ihn einströmt.

Bei schweren Krankheitsverläufen führt das in den

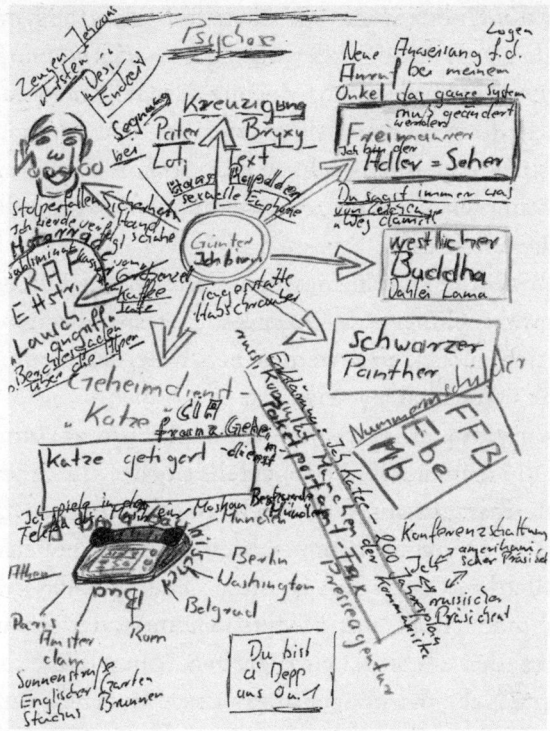

Wer an psychischen Erkrankungen leidet, gibt seiner Umwelt oft einen völlig neuen Sinn – was aber dazu führen kann, dass er sich in dieser Welt nicht mehr zurechtfindet.

*Wahn*: Die Patienten haben das Gefühl, sie würden von geheimnisvollen Mächten beeinflusst oder verfolgt. Sie werden auf gefährliche und oft völlig unbegründete Weise eifersüchtig. Sie beziehen alles Mögliche auf sich, auch wenn es nicht das Geringste mit ihnen zu tun hat. So glauben sie, dass sich die Überschriften in Zeitungen und Zeitschriften oder die Fernsehnachrichten eigentlich um *sie* drehen.

Der *Wahn* besteht also vor allem darin, dass die Kranken der realen Welt neue Erklärungen geben. *Halluzinationen* hingegen sind Sinneseindrücke, die das Gehirn an das Bewusstsein des Kranken meldet – obwohl es überhaupt kein Gegenstück in der Wirklichkeit gibt. So hören Schizophrene oft Stimmen, die ihnen etwas einflüstern. Wohlgemerkt: Sie bilden sich diese Stimmen nicht ein, sie sind für sie genauso wirklich wie Stimmen, die sie tatsächlich über ihre Ohren wahrnehmen. Gleichzeitig ziehen sich die Patienten oft in sich zurück und werden neben der schizophrenen Erkrankung auch depressiv.

Was genau im Gehirn von Schizophrenen abläuft, verstehen die Wissenschaftler ebenfalls noch nicht genau. Es hat sich aber gezeigt, dass Medikamente, die den Überträgerstoff Dopamin hemmen, den Kranken helfen können. Allerdings zeigt sich an dieser Therapie, dass es nur schwer möglich ist, mit Medikamenten in das komplexe Geflecht des Gehirns einzugreifen, ohne dabei unerwünschte Nebenwirkungen auszulösen. Manche Arzneien, die Schizophrenen gegeben werden, verursachen die gleichen Symptome, wie sie bei der Parkinson-Krankheit auftreten (siehe Kapitel 7). Denn sie rufen im Dopamin-System Effekte hervor, die die Steuerung von Bewegungen stören.

## Waschzwang, Kontrollzwang, Fluchzwang

Neben solchen schweren Erkrankungen wie Schizophrenie oder lebensgefährliche Depressionen gibt es auch Krankheiten, bei denen der Verstand weniger heftig aus dem

Gleichgewicht gerät – die aber dennoch extrem belastend sein können. Bei sogenannten Zwangserkrankungen müssen sich Patienten beispielsweise ständig die Hände waschen, oder sie können nicht anders, als dauernd zu kontrollieren, ob sie den Herd ausgestellt haben. Solche Zwänge werden manchmal so schlimm, dass sich die Kranken ihre Hände wund schrubben, weil sie einfach nicht das Gefühl bekommen, wirklich sauber zu sein. Oder sie können kaum mehr die Wohnung verlassen, weil sie fürchten, der nicht ausgeschaltete Herd könnte ihr Haus in Brand stecken.

Händewaschen und Herdkontrolle haben noch ein bisschen etwas mit sinnvollem Verhalten zu tun, es gibt jedoch auch Zwangshandlungen, die völlig bizarre Verläufe nehmen. So müssen manche Kranke im Treppenhaus ein paar Mal erst runter-, dann wieder rauf- und dann wieder runterlaufen, bevor sie das Haus verlassen können. Sie müssen im Türschloss fünf Mal, acht Mal oder zehn Mal hin und her drehen (und dabei mitzählen!), damit sie sicher sind, dass wirklich abgeschlossen ist. Sie müssen so lange Fahrzeuge zählen, bis sie zum Beispiel zwanzig rote Autos gesehen haben – erst dann fühlen sie sich in der Lage, den weiteren Alltag zu bewältigen.

Der Begriff des *Tics* klingt zunächst harmlos. Doch wer an solchen Tics krankhaft leidet, steht ebenfalls unter enormem Leidensdruck. Die Grenzen zwischen kaum merkbaren Tics und einer schweren Krankheit sind fließend. Wer immer wieder mit dem einen Auge zwinkern muss oder sich ungewöhnlich oft räuspert, der mag als schrullig gelten, aber er wird keine Probleme haben, seinen Alltag zu bewältigen. Ganz anders ist es dagegen beim *Tourette-Syndrom*. Patienten, die daran leiden, müssen beispielsweise immer wieder mit ihrem Arm schlagen oder mit ihrem Bein gegen etwas treten. Sie müssen grunzen oder gar Schimpfworte herausschreien.

Die Folgen können fatal sein. So etwa im Fall eines jungen Mannes, der eigentlich sein Leben ganz gut im Griff hatte. Er verdiente Geld als Dressman bei Modenschauen. Doch manchmal musste er immer wieder Grunzlaute ausstoßen und gleichzeitig mit dem rechten Arm in die Luft schlagen. Einmal kam es vor, dass eine junge Frau, die in der Straßenbahn vor ihm saß, sich von ihm belästigt fühlte. Sie bat den Fahrer, die Polizei zu alarmieren. Die Polizisten hielten die Armbewegungen und Grunzlaute des jungen Mannes für eine Attacke, überwältigten ihn gewaltsam und schafften ihn zur Wache. Für den Anwalt des Tourette-Patienten war es nicht einfach, den Beamten klarzumachen, dass hier eine Krankheit vorlag.

Mitunter haben es Psychiater aber auch mit einer schwer fassbaren Vielfalt von Symptomen zu tun. Es gibt Patienten, die äußerlich zeitweise ein normales Leben führen, dann aber weit über das normale Maß hinaus launisch werden. Sie zerstreiten sich von einem Tag auf den anderen mit ihren ehemals besten Freunden, werfen ihrem Arbeitgeber Schimpfwörter an den Kopf, ohne nur ein bisschen die Folgen zu bedenken. Wechselhaft sind sie auch im Umgang mit anderen Menschen: Am einen Tag wird der Lebensgefährte auf ein Podest gestellt und angehimmelt. Schon am nächsten Tag ist er völlig wertlos. Nicht verwunderlich, dass solche Patienten irgendwann im Privatleben wie im Beruf vor einem Scherbenhaufen stehen.

Wenn Menschen auf eine krankhafte Weise mit ihrer Umwelt nicht zurechtkommen, kann es dabei grundsätzlich zwei Perspektiven geben. Wenn jemand die Umwelt für normal hält, aber bei sich selbst ein Problem sieht, spricht man meistens von einer *Neurose*. Zwangserkrankungen gehören hier beispielsweise dazu. Wenn jemand hingegen bei sich selbst keine Probleme sieht, sondern nur in seiner Umwelt – wenn er beispielsweise Wahnvorstellungen entwickelt –, dann spricht man oft von einer *Psychose*. Es gibt auch Zwischenformen, bei denen die Patienten zwischen massiven Problemen mit sich selbst und Problemen mit anderen Menschen hin und her schwanken. Auf den Namen *Borderline-Syndrom* haben Ärzte solche Störungen früher getauft. Denn sie beobachteten bei den Patienten sowohl Symptome einer Neurose als auch einer Psychose. Die Ärzte sahen diese Patienten daher an einer Art Grenze (englisch: borderline) zwischen neurotischen und psychotischen Störungen.

## Zerbrechliche Wirklichkeit

Alex zündet sich eine Zigarette an, als er den Brief des jungen Geschichtslehrers noch einmal angeschaut hat. Das war das einzig wirklich Gute an der geschlossenen Abteilung, fand er: Die Psychiater ließen ihre Patienten so viel rauchen, wie sie wollten. Alex sitzt schweigend da, als das magersüchtige Mädchen ihm auf die Schulter tippt. »Ich wollte Tschüss sagen, ich komme in die offene Abteilung«, sagt sie leise. Alex sagt ein paar Worte zu Lizzy und schaut ihr noch nach, als sie sich umdreht und geht. Er kann sich immer noch nicht vorstellen, dass sich dieses Mädchen, das vielleicht halb so viel wiegt wie er, für zu dick hält.

Essstörungen gehören zu den häufigsten psychischen Problemen, an denen junge Menschen leiden, vor allem junge Frauen, aber auch zunehmend Männer. Sie können ganz unterschiedlich verlaufen und auch mehr oder weniger von selbst wieder verschwinden. Was Alexander von Lizzy über ihre Krankheit erfahren hat, ist typisch für eine besonders schwere Form der Essstörung: Magersucht.

Irgendwann fühlte Lizzy sich einfach zu dick. Sie hörte auf, mit ihrer Familie gemeinsam zu essen. Ihr gesamtes Denken drehte sich nur noch darum, wie sie möglichst wenig Nahrung zu sich nehmen könnte. Manchmal überkam sie ein Heißhunger, und sie stopfte in sich hinein, was sie finden konnte. Doch sofort anschließend zwang sie sich, zu erbrechen, was sie gegessen hatte. Lebensmittel nahm sie nur noch zu sich, wenn sie möglichst wenige Kalorien enthielten.

So wie sie mit ihrem Körper nicht zufrieden war, war sie auch mit ihrer ganzen Person nicht zufrieden. In der Schule wollte sie erfolgreich sein und war auch eine der Besten in der Klasse. Doch ihrer Meinung nach war sie nicht gut genug. Sie setzte sich selbst immer herab, erzählte ihren Mitschülern, dass sie viel klüger seien als sie. Gleichzeitig tat sie alles, damit ihr Dünnerwerden niemandem auffiel. Sie trug weite Kleider. Sie kochte sogar manchmal für die Familie, aß dann aber selbst nicht mit, unter dem Vorwand, sie hätte am Herd schon so viel genascht.

Sie begann Ausdauersport zu treiben. Wenn sie einen Tag nicht trainiert hatte, glaubte sie, das Essen nicht verdient zu haben. Sie stellte sich regelmäßig vor den Spiegel und glaubte, Speckröllchen zu entdecken. Dabei war es nur Haut. Ihr Körper geriet irgendwann völlig durch-

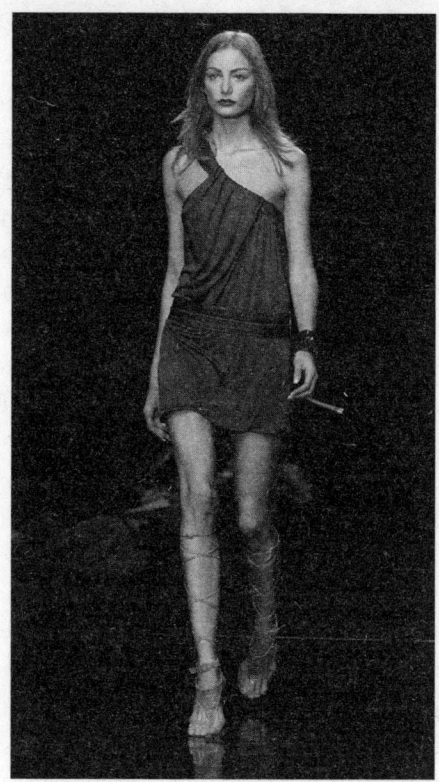

Bei vielen Models gehört es zum Berufsbild, ausgesprochen dürr zu sein – wenn Magersucht zur psychischen Krankheit wird, geraten die Betroffenen allerdings in Lebensgefahr.

einander. An ihren Armen wuchsen Haare wie bei einem Mann, ihre Regel blieb aus. Doch Lizzy konnte nicht aufhören. Sie begann, Abführmittel zu nehmen, die bald anfingen, ihre inneren Organe zu belasten. Die Magensäure, die beim Erbrechen mit durch ihren Mund floss, beschädigte ihre Zähne. Als ihre Eltern sie endlich in die Klinik brachten, wog sie nur noch 35 Kilo.

Neurologen und Psychiater haben in den letzten Jahren Erklärungen dafür gefunden, was mutmaßlich im Kopf passiert, wenn Mädchen fast nichts mehr essen oder alles dafür tun, um das, was sie gegessen haben, wieder zu erbrechen. Angst davor, erwachsen zu werden, gilt als ein Auslöser und ist hierbei vor allem das Problem, das manche Mädchen haben, wenn ihr Körper frauliche Formen entwickelt. Unbewusste Angst vor Sexualität könnte dazu führen, dass Mädchen das »Frau-Werden« sozusagen weghungern möchten, so die Erklärung. Konflikte mit den Eltern oder Probleme, die eigene Rolle in der Familie zu finden, werden auch zu den Auslösern gezählt.

Neben den eher psychologischen Mechanismen gibt es bei diesen Kranken vermutlich auch bestimmte Störungen im Gehirn: Ein Mädchen, das an Magersucht oder Ess-Brech-Sucht leidet, nimmt sich im Spiegel als dicker wahr, als es in Wirklichkeit ist. Von einer *Körperschema-Störung* sprechen Mediziner in diesem Fall. Diese Störung kann einen lebensbedrohlichen Verlauf haben. Von denen, die an einer schweren Form der Magersucht leiden, sterben zehn bis 20 Prozent.

## Zwischen Wahnsinn und Verstand

In dem Moment, als er sich von Lizzy verabschiedet hat, fühlt sich Alex fast wieder normal. Er wünscht sich, auch bald aus der Klinik herauszukommen. Und es schwirren plötzlich zahllose Fragen durch seinen Kopf: Was ist eigentlich normal? Wie unnormal ist Lizzy? Was ist eigentlich die Wirklichkeit? Das, was *er* sieht, und der Sinn, den *sein*

Gehirn der Welt gibt – oder nicht doch das, was der verrückte rothaarige Geschichtslehrer in der Welt sieht? Wo ist die Grenze?

Warum gelten Berichte über Menschen, denen angeblich die Jungfrau Maria erschienen ist, nicht automatisch als Berichte über Verrückte? Was ist an einer Marien-Erscheinung anders als an den Einflüsterungen, die der Lehrer hört? Wie kann es sein, dass jemand, der sagt, er habe Erscheinungen, später als Heiliger verehrt wird, während ein anderer, der ähnliche Erscheinungen schildert, in die Psychiatrie kommt? Und wimmelt es nicht im Internet von Verschwörungstheorien, die genauso verrückt oder auch plausibel klingen wie die Hirngespinste des rothaarigen Lehrers? Warum können Menschen damit reich werden, dass sie Bücher über Ufos schreiben, während andere, die auch an Ufos glauben, von Psychiatern behandelt werden? Antworten auf diese Fragen findet Alex zunächst nicht. Er ist schon zufrieden damit, dass er sich überhaupt wieder Fragen stellt. Sein Gehirn ist offenbar tatsächlich dabei, einigermaßen ins Gleichgewicht zurückzufinden.

# 10

# ZEITREISEN IM KOPF

## Wie Erinnerung funktioniert – und wie sie versagen kann

Wenn die Situation nicht so traurig wäre, hätte sie etwas Komisches an sich. Herr Krämer steht im Unterhemd vor seiner Haustür und sucht sein Auto. Es ist sechs Uhr morgens, als seine Schwester Anna von einer Nachbarin angerufen wird, sie müsse ihn von der Straße holen. Als Anna Kühn zu ihrem Bruder kommt, erzählt er ihr, er sei gerade dabei, seine Frau vom Bahnhof abzuholen. Dass seine Frau Magdalena schon vor zwölf Jahren gestorben ist, weiß er nicht mehr. Ebenso wenig erinnert er sich, dass seine Schwester seinen Führerschein im letzten Jahr an die Behörden zurückgegeben hat und er auch gar kein Auto mehr besitzt.

Horst Krämer wird ärgerlich, als seine Schwester ihn am Arm nimmt, um ihn wieder in seine Wohnung zu führen. Im ersten Moment weiß er nicht, wer sie ist, behandelt sie wie eine Fremde, die versucht, ihn festzuhalten. Doch

Anna Kühn kennt diese Situation und weiß, wie sie damit umgehen muss.

Schon seit einigen Jahren leidet ihr 75-jähriger Bruder an der Alzheimer-Krankheit. Zunächst fiel es Anna Kühn gar nicht auf, dass Horst immer vergesslicher wurde. Mal fand er seine Schlüssel nicht, mal wusste er nicht, wo sein Portemonnaie war. Doch er hatte meist eine Erklärung parat: Er sei bestohlen worden, die Putzfrau hätte den Schlüssel verräumt. Alles klang ganz einleuchtend und hatte mit ihm selbst nichts zu tun.

Doch dann begann er immer öfter Termine zu vergessen, die ihm vorher wichtig gewesen waren. Wenn sie sich zum Theater oder zum Kino verabredeten, stand Anna Kühn ein ums andere Mal abends allein da. Wenn sie ihren Bruder zur Rede stellte, bestritt er heftig, dass sie irgendetwas ausgemacht hätten. Als er dann den Todestag seiner Frau vergaß, an den er sich sonst immer erinnert hatte, wurde es Anna unheimlich. Und als sie schließlich im Kühlschrank ihres Bruders ein paar Socken fand, war ihr klar, dass mit Horst etwas nicht stimmte. Er versuchte sogar, eine Erklärung für die Socken im Kühlschrank zu geben. Es sei sehr heiß draußen, sagte er. Da sei etwas Kühles an den Füßen ja wohl sehr angenehm. Anna Kühn wusste zunächst nicht, ob ihr Bruder nur eine skurrile Idee hatte, über die sie lachen sollte. Doch Horst war nie ein Exzentriker gewesen, sondern eher ein Pedant. Bald darauf stellte der Arzt die Diagnose: Horst Krämer war dabei, sein Gedächtnis zu verlieren, er litt an Demenz.

## Reisen in die Vergangenheit

Im Jahr 1906 hat der Mediziner Alois Alzheimer erstmals eine Erkrankung beschrieben, die sich seit einigen Jahren immer besser erklären lässt. Und durch die Erforschung der Alzheimer-Krankheit ist den Wissenschaftlern auch klarer geworden, wie eine ganz besondere Fähigkeit des Menschen funktioniert: Die Fähigkeit, sich bewusst an Erlebnisse der Vergangenheit zu erinnern und bewusst Wissen abzurufen, das man sich früher einmal angeeignet hat.

Auch Tiere haben ein Gedächtnis. Ein Hund kann sich erinnern, dass es gestern, vorgestern und vor drei Tagen etwas zu fressen gegeben hat, wenn sein Herrchen nach der Futterdose griff. Aus dieser Erinnerung schließt der Hund: Wenn das Herrchen wieder nach der Futterdose greift, wird gleich der Fressnapf gefüllt. Ein Hund kann aber nicht bewusst die Erinnerung daran abrufen, wie das besonders feine Fressen geschmeckt hat, das sein Herrchen zur Feier des zweiten Geburtstags serviert hat. Das ist zumindest der heutige Stand der Forschung.

Ein Hund kann also keine geistige Zeitreise in die Vergangenheit unternehmen. Diese Fähigkeit hat nur der Mensch. Und auch nur der Mensch hat die Fähigkeit, von den Erlebnissen der Vergangenheit auf die Zukunft zu schließen. Er kann vor seinem inneren Auge ein ganz konkretes Bild entwerfen, wie sein Leben wahrscheinlich in einem oder in zwei Jahren aussehen wird. Auch eine solche geistige Zeitreise in die Zukunft ist Tieren nach allem, was man heute weiß, unmöglich.

# Mini Mental Status Test (MMST)

Mit Untersuchungen wie diesem „Mini Mental Status Test" können Ärzte schnell herausfinden, ob ein Patient an schweren Gedächtnisproblemen leidet.

## 1. Testdauer
ca. 10 Minuten

## 2. Auswertung
Einfache Addition der vorgegebenen Punkte

## 3. Interpretation
30–27 Punkte: keine Demenz

26–18 Punkte: leichte Demenz

17–10 Punkte: mittelschwere Demenz

≤ 9 Punkte: schwere Demenz

## Name des Patienten: ..............................................................

## 1. Orientierung

In welchem Jahr leben wir? ☐

Welche Jahreszeit ist jetzt? ☐

Welches Datum haben wir heute? ☐

Welchen Monat haben wir? ☐

In welchem Bundesland sind wir hier? ☐

In welchem Land? ☐

In welcher Ortschaft? ☐

Wo sind wir (in welcher Praxis/Altenheim)? ☐

Auf welchem Stockwerk? ☐

## 2. Merkfähigkeit

Fragen Sie den Patienten, ob Sie sein Gedächtnis prüfen dürfen. Nennen
Sie dann drei verschiedenartige Dinge klar und langsam (ca. 1 pro Sekunde)
„Zitrone, Schlüssel, Ball". Nachdem Sie alle drei Worte ausgesprochen haben,
soll der Patient sie wiederholen. Die erste Wiederholung bestimmt die Wertung
(vergeben Sie für jedes wiederholte Wort einen Punkt), doch wiederholen Sie den
Versuch, bis der Patient alle drei Wörter nachsprechen kann. Maximal gibt es 5
Versuche. Wenn ein Patient nicht alle drei Wörter lernt, kann das Erinnern nicht
sinnvoll geprüft werden.

**Punkte 0–3** ☐

## 3. Aufmerksamkeit und Rechnen

Bitten Sie den Patienten, bei 100 beginnend in 7er Schritten rückwärts zu zählen.
Halten Sie nach 5 Subtraktionen (93, 86, 79, 72, 65) an und zählen Sie die in der
richtigen Reihenfolge gegebenen Antworten. Bitten Sie daraufhin, das Wort
„Preis" rückwärts zu buchstabieren. Die Wertung entspricht der Anzahl von
Buchstaben in der richtigen Reihenfolge (z.B. SIERP = 5, SIREP = 3). Die höhere
der beiden Wertungen wird gezählt.

**Punkte 0–5** ☐

## 4. Erinnern

Fragen Sie den Patienten, ob er die Wörter noch weiß, die er vorhin auswendig
lernen sollte. Geben Sie einen Punkt für jedes richtige Wort.

**Punkte 0–3** ☐

## 5. Benennen

Zeigen Sie dem Patienten eine Armbanduhr und fragen Sie ihn, was das ist.
Wiederholen Sie die Aufgabe mit einem Bleistift. Geben Sie einen Punkt für
jeden erfüllten Aufgabenteil.

**Punkte 0–3** ☐

## 6. Wiederholen

Bitten Sie den Patienten, den Ausdruck „Kein Wenn und Aber" nachzusprechen.
Nur ein Versuch ist erlaubt. **Punkte 0–1** ☐

## 7. Dreiteiliger Befehl

Lassen Sie den Patienten den folgenden Befehl ausführen: „Nehmen Sie ein Blatt in die Hand, falten Sie es in der Mitte und legen Sie es auf den Boden." Geben Sie einen richtigen Punkt für jeden richtig ausgeführten Befehl.

**Punkte 0–3** ☐

## 8. Reagieren

Schreiben Sie auf ein weißes Blatt in großen Buchstaben: „Schließen Sie die Augen". Der Patient soll den Text lesen und ausführen. Geben Sie einen Punkt, wenn der Patient die Augen schließt.

**Punkte 0–1** ☐

## 9. Schreiben

Geben Sie dem Patienten ein weißes Blatt, auf dem er für Sie einen Satz schreiben soll. Diktieren Sie den Satz nicht, er soll spontan geschrieben werden. Der Satz muss ein Subjekt und ein Verb enthalten und einen Sinn ergeben. Konkrete Grammatik und Interpunktion werden nicht verlangt.

**Punkte 0–1** ☐

## 10. Abzeichnen

Zeichnen Sie auf ein weißes Blatt zwei sich überschneidende Fünfecke und bitten Sie den Patienten, die Figur genau abzuzeichnen. Alle 10 Ecken müssen vorhanden sein und 2 müssen sich überschneiden, um als ein Punkt zu zählen. Zittern und Verdrehen der Figur sind nicht wesentlich.

**Punkte 0–1** ☐

## Summe der Punkte: ..................

## Leben in Speichern

Um die ganz besonderen Leistungen des menschlichen Gedächtnisses zu verstehen, hat es sich als sinnvoll erwiesen, diese Fähigkeit mit verschiedenen Begriffen zu unterteilen. Gedächtnis ist nicht Gedächtnis. Das Gehirn ist kein großer Lagerraum, in dem alle möglichen Neuigkeiten verstaut werden. Die Neurowissenschaftler verwenden aber leider nicht alle die gleichen Einteilungen. Doch über einige wesentliche Aspekte sind sie sich einig: Alles, wirklich alles, was ein Mensch über seine fünf Sinne aufnimmt, wird im Gehirn kurz gespeichert und bewertet. Im *sensorischen Speicher* werden also sämtliche Sinneseindrücke nur für den Bruchteil einer Sekunde, maximal einige wenige Sekunden, aufbewahrt. Auf diese Weise ist es dem Gehirn zum Beispiel möglich, zu erkennen, aus welcher Richtung ein Geräusch kommt. Wenn ein Ton das eine Ohr minimal früher erreicht als das andere, dann erinnert sich der sensorische Speicher, dass er jenen Ton gerade eben schon einmal empfangen hat. Aus einer »Verrechnung« dieser beiden Eindrücke kann das Gehirn schließen, ob das Geräusch von links, rechts, vorn oder hinten kommt.

In den sensorischen Speicher werden unendlich viele Eindrücke aufgenommen – denn er saugt alles auf, was Augen, Ohren, Nase, Haut oder Zunge von der Außenwelt an Information erhalten. Das meiste davon muss aber sofort wieder gelöscht werden. Denn das Hirn könnte mit dieser ungeordneten Informationsfülle nichts anfangen, es wäre schon bald komplett überfordert.

# Deine Spuren im Hirn

Nicht gelöscht, sondern ins Kurzzeitgedächtnis (oder auch Arbeitsgedächtnis) übernommen werden Eindrücke dann, wenn man seine Aufmerksamkeit darauf richtet. So hatte Horst Krämer, als er noch Lehrer war, nie ein besonders gutes Namensgedächtnis. Die Namen der Schüler, die er unterrichtete, musste er sich stets aufschreiben und immer wieder bewusst und aufmerksam durchlesen, bis er sie irgendwann behalten hatte.

Das Kurzzeitgedächtnis hat seinen Namen nicht ohne Grund: Informationen und Eindrücke verbleiben hier nur etwa 20 bis 40 Sekunden als sogenannte »Spur«. Allerdings kann dieser Zeitraum verlängert werden, indem man sich etwas immer wieder vergegenwärtigt. Genau das tat Horst Krämer, wenn er sich die Namen seiner neuen Schüler einprägte. Er schaute auf den Zettel, auf dem die Namen standen; er schaute sich den entsprechenden Schüler an; er sagte den Namen still vor sich hin, einmal und noch einmal – damit er länger im Kurzzeitgedächtnis blieb.

Dabei wirken im Kurzzeitgedächtnis ständig zwei gegenläufige Kräfte. Es werden neue Informationen aufgenommen und alte gelöscht. An den Begriff der »Spuren«, von denen die Neurowissenschaftler sprechen, lässt sich ein passendes Bild knüpfen: Wer am Strand entlangläuft, hinterlässt Spuren im Sand, die Stück für Stück von der Meeresbrandung ausgelöscht werden. Es sei denn, man läuft immer wieder in den eigenen Spuren am Strand hin und her. Etwas Ähnliches machte Horst Krämer, wenn er die Namen seiner Schüler immer wieder nachschaute und vor sich hin murmelte.

Dabei musste der Lehrer am Beginn jedes Schuljahrs schmerzlich feststellen, wie beschränkt dieses Kurzzeitgedächtnis ist. Er konnte sich beim besten Willen nicht alle Namen der Klasse auf einmal merken, es passten höchstens ein paar Schülernamen auf einmal in diesen Gedächtnisbereich.

Neben dem Verlöschen der Spuren durch die »Meeresbrandung« des Vergessens gibt es noch einen anderen Mechanismus, durch den der Kurzzeitspeicher Eindrücke wieder löscht: Die sogenannte *Hemmung* sorgt dafür, dass in erster Linie Informationen, die etwas Außergewöhnliches an sich haben, gespeichert werden. Wenn hingegen auf das Hirn Informationen einströmen, die einander sehr ähnlich sind, haben sie eine geringere Chance, abgelegt zu werden.

Wenn Horst Krämer zum ersten Mal in seine neue Klasse schaute und danach aus dem Fenster blickte, konnte er aus seinem Kurzzeitgedächtnis nicht abrufen, wer von den Schülern blond war und wer braune Haare hatte. Denn blonde und braunhaarige Schüler hatte er immer einige. In einem Schuljahr erinnerte er sich aber an einen Jungen mit feuerroten Haaren ganz leicht. Denn richtig rothaarig war nur einer in der Klasse – und zwar zum ersten Mal seit Jahren.


## In Synapsen geschrieben

Neben dem Kurzzeitgedächtnis verfügt das Gehirn über einen Speicher, der Informationen sozusagen nicht in den weichen Sand drückt, sondern sie wesentlich dauerhafter aufbewahrt: das Langzeitgedächtnis. Was durch das Hin- und Herbewegen im Kurzzeitgedächtnis für wichtig befunden wird, oder auch das, was ungewöhnlich intensiv ist, bleibt dort für Jahre und Jahrzehnte.

Dabei unterscheiden die Neurowissenschaftler verschiedene Arten des Langzeitgedächtnisses: Die Namen seiner Schüler speicherte Horst Krämer im *semantischen Gedächtnis* ab – es wird auch als das »Gedächtnis für Schulwissen« bezeichnet. In dieser Art der Erinnerung hatte Horst Krämer auch das stehen, was er selbst an der Schule und der Universität an Faktenwissen erlernt hat: dass Rom die Hauptstadt von Italien ist oder wann die Französische Revolution war.

Anders funktioniert das *autobiographische* oder *episodische* Gedächtnis. Hier behielt Horst Krämer alles, was für seine eigene Person wichtig ist: Wie er Magdalena auf dem Petersplatz in Rom einen Heiratsantrag gemacht hat oder wie er an der Uni durch die Französisch-Abschlussprüfung gerasselt ist.

Wiederum anders funktioniert das *prozedurale* Gedächtnis: Hier werden Fähigkeiten abgespeichert. Wer Fahrrad fahren kann oder sich beim Schwimmen gut über Wasser hält, verdankt das dieser Art der Erinnerung.

Wie deutlich abgegrenzt diese unterschiedlichen Arten des Gedächtnisses sind, zeigt sich an manchen Patienten, die an bestimmten Hirnschäden leiden. So gibt es Berichte über Kranke, bei denen die Hippocampus-Region beschädigt ist. Das kann dazu führen, dass jemand sozusagen jede Stunde neu erlebt. Alles, was er in der Zeitung vormittags liest, hat er mittags schon wieder vergessen. Solche Patienten können sich aber möglicherweise noch an alles erinnern, was sie vor ihrer Erkrankung in ihr Langzeitgedächtnis gespeichert haben.

Neues Faktenwissen in den Langzeitspeicher aufzunehmen gelingt solchen Patienten wegen ihrer Schädigung also nicht. In einen anderen Speicher, den *prozeduralen* Speicher, können sie hingegen sehr wohl neue Informationen eingeben. So hat ein Patient mit einer solchen Hippocampus-Schädigung beispielsweise gelernt, in Spiegelschrift zu schreiben – denn hier war nicht der Wissensaspekt der Erinnerung gefragt, sondern die Fähigkeit, bestimmte Bewegungen auszuführen.

## Eine Erinnerung kommt niemals allein

Auch bei der Erinnerung zeigt sich, dass das Hirn etwas völlig anderes ist als ein Computer. Auf einer Festplatte werden bestimmte Datenpakete an bestimmten Stellen in einer ganz bestimmten Form abgelegt. Und in genau dieser Form werden sie auch wieder abgerufen. Die Erinnerung im menschlichen Gehirn funktioniert völlig anders. Es kommt nie vor, dass das Gehirn Informationen – wie einen Namen – nur als nackte Fakten, also als isoliertes »Datenpaket«, aufnimmt. Erinnerungen bestehen immer aus verschiedensten Verknüpfungen.

Wenn Horst Krämer eine neue Klasse bekam, fand er unwillkürlich den einen Jungen sympathisch, den anderen weniger; bei einem Schüler kannte er bereits dessen ältere Schwester – die er vielleicht etwas attraktiver fand, als es für einen Lehrer gut war. Selbst was auf den ersten Blick nach simpler Faktensammlung aussah – nämlich die Namensliste seiner neuen Klasse –, war also gleichzeitig immer mit unzähligen anderen Informationen verknüpft, die der Lehrer vorher einmal aufgenommen hatte oder parallel zu den neuen Namen aufnahm. Auch mit Gefühlen war manche Information verknüpft.

Bei dieser Verknüpfung von neuen Gedächtnisinhalten mit anderen Informationen und Emotionen spielen kleine Ansammlungen von Nervenzellen eine besondere Rolle, die das Vorderhirn bei der Entscheidung beeinflussen, ob etwas gespeichert werden soll oder nicht. Es hat sich gezeigt, dass es dabei auf bestimmte Faktoren ankommt, ob neue Eindrücke und Erfahrungen besser oder intensiver ins Gedächtnis eingespeichert werden. Wenn das Gehirn beispielsweise Botenstoffe ausschüttet, die die Aufmerksamkeit steigern (wie etwa Acetylcholin) oder allgemein die Stimmung aufhellen (wie etwa Serotonin und Noradrenalin), bleiben neue Eindrücke besser im Gedächtnis. Hellwach und fröhlich lernt es sich also leichter – wer müde und gelangweilt ist, an dem rauschen auch die interessantesten Dinge vorbei.

Vor allem das sogenannte Belohnungssystem im Gehirn stellt die Weichen, ob etwas ins Langzeitgedächtnis übergeht oder nicht. Wenn dieses System in Gang kommt, wird der Botenstoff Dopamin ausgeschüttet und sorgt dafür, dass ein neuer Eindruck mit früheren positiven Erfahrungen verknüpft wird. Dabei gilt die Regel: Je positiver das Belohnungssystem einen Eindruck bewertet, umso intensiver wird er gespeichert.

## Was schön ist, bleibt

Wie machtvoll dieses Belohnungssystem sein kann, zeigte sich für Horst Krämer, als er seine spätere Frau kennenlernte. Normalerweise konnte er sich Namen nur mit großer Mühe merken. Von Magdalena war er aber so beeindruckt, dass er von dem Moment an, als ihm sein Chef die neue Kollegin im Lehrerzimmer vorstellte, ihren Namen nicht mehr vergaß. Er musste ihren Namen auch nicht dauernd vor sich hin murmeln, um ihn zu behalten, sondern hat ihn sofort ins Langzeitgedächtnis übernommen.

Horst Krämer merkte sich aber nicht nur das, was Magdalena über sich, ihre bisherige Arbeit und ihre Zukunftspläne erzählte. Er registrierte auch alles andere an ihr: die Farbe ihrer Haare, ihre Frisur, ihre Figur, ihr Kleid, ihre Haltung, ihre Bewegungen. In seinem Bewusstsein baute er ein Bild von der gesamten Person Magdalena zusammen. Und er beurteilte sie auch. Sie war ihm vom ersten Moment an nicht gleichgültig. Etwas schüchtern, wie er war, hätte er es sich nicht eingestanden – aber er fragte sich unbewusst sofort, ob aus ihnen beiden etwas werden konnte. Auch dadurch wurde seine spätere Erinnerung an Magdalena geprägt.

## Essbare Erinnerungen?

Für die Neurowissenschaftler war es relativ bald möglich, die verschiedenen Arten des Gedächtnisses zu beschreiben – so wie sie beispielsweise bei Horst Krämer funktionierten und dann irgendwann aufhörten zu funktionieren. Dabei blieb den Forschern allerdings eines lange Zeit weitgehend unklar: Auf *welche Weise* Menschen Erfahrungen und Erinnerungen in die verschiedenen Kategorien des Gedächtnisses ablegen, war bis vor wenigen Jahren ein Rätsel. Und auch heute noch sind nicht alle Fragen beantwortet. Die Wissenschaftler sind aber ein gutes Stück vorangekommen. Gleichzeitig sind sie bei ihren Erklärungsversuchen zum Gedächtnis aber auch vorsichtiger geworden. Denn einige Theorien haben sich als Irrwege herausgestellt.

So sorgte in den 1960er Jahren der Wissenschaftler James McConnell für Aufsehen mit der Theorie, dass bestimmte Moleküle im Gehirn die Erinnerungen speichern, ähnlich wie Farbmoleküle auf Fotopapier ein Bild abspeichern. Er glaubte auch, mit Tierversuchen einen Beleg dafür liefern zu können.

Die Versuchsanordnung sah so aus: Zunächst traktierte McConnell eine besondere Art von Würmern – Plattwürmer – mit Elektroschocks. Diesen Schocks konnten die Würmer aber ausweichen, wenn sie sich auf Lichtblitze zubewegten, die an einer bestimmten Stelle aufleuchteten. Dann tötete der Forscher die Würmer, zerschnitt sie und verfütterte sie an andere Plattwürmer. Diese kannibalischen Würmer lernten danach schneller, die Elektroschocks zu vermeiden, behauptete der Wissenschaftler. Und das belegte nach McConnells Ansicht folgenden Zusammenhang: Die älteren (verfütterten) Plattwürmer hatten ein »Erinnerungsmolekül« entwickelt. Und dieses Molekül war auf die anderen Würmer übergegangen, als sie ihre Artgenossen verspeisten. Erinnerung war also sozusagen essbar.

Nach einiger Zeit stellte sich allerdings heraus, dass McConnells Untersuchungsergebnisse falsch waren. Andere Wissenschaftler konnten sie nicht wiederholen. Man möchte sagen: Das ist auch gut so, sonst wären möglicherweise einige Wahnsinnige auf die Idee gekommen, Nobelpreisträger zu jagen – um sie zu verspeisen und sich auf diese Weise deren Wissen anzueignen.

Nachdem McConnell aufgeflogen war, stand die Wissenschaftsgemeinde erst einmal wieder ohne brauchbares Modell für die Erklärung des Gedächtnisses da. Auf der Suche nach neuen Theorien wurde aber schon bald eine andere These diskutiert. In der »Großmutterzellen-Theorie« hieß es, dass jeweils eine Nervenzelle einen bestimmten abgrenzbaren Gedächtnisinhalt abspeichert. Den Namen »Großmutterzellen-Theorie« erhielt die Idee, weil man, überspitzt gesagt, davon ausging, dass eine einzelne Zelle für die Erinnerung an die Großmutter zuständig ist, eine andere Zelle für die Erinnerung an das Fahrrad, das man zum zehnten Geburtstag bekam, wieder eine andere Zelle für die Erinnerung an die Schultüte – und so weiter.

Es zeigte sich allerdings, dass auch diese Theorie so nicht ganz stimmen konnte. Denn sie kann nicht erklären, warum unterschiedliche Inhalte unterschiedlich erinnert werden: Kaum jemals wird jemand seine Eltern vergessen – nicht einmal, wenn er an Demenz erkrankt. Wenn allerdings einzelne Zellen für die Erinnerung an die Eltern zuständig wären und einzelne Zellen für die Erinnerung an den Film, der gestern im Kino lief – dann müssten statistisch gesehen bei Demenzkranken beide Inhalte gleich häufig vergessen werden. Das ist aber nicht der Fall.

## Erinnerung in Mustern

Deswegen halten Neurowissenschaftler inzwischen folgendes Erklärungsmuster für besonders plausibel: Erinnerungen im Langzeitgedächtnis abspeichern heißt, dass bestimmte Nervenzellen ihre Verbindungen untereinander verändern. In den Nervenzellen wird auf die DNA – also den Träger der Erbinformation – eingewirkt. Dadurch bilden die Zellen neue Eiweißstoffe, die dafür sorgen, dass über Synapsen (siehe Kapitel 3) neue Verbindungen geknüpft werden. Dadurch wiederum entstehen neue Kombinationen von Nervenzellen. Wenn diese nun aktiv werden – wenn sie »feuern« –, dann entsteht dadurch ein bestimmtes Muster von Signalen im Gehirn. Dieses Muster spiegelt den Gegenstand der Erinnerung wider.

Dabei muss eines klar sein: Dieses Muster ist *nicht* ein Bild, das das Gehirn abspeichert, so wie ein Bild auf Fotopapier abgespeichert wird. Vielmehr werden verschiedene Eigenschaften – beispielsweise eines Gegenstands – in ganz unterschiedlichen Verbänden von Zellen abgelegt. So wird die rote Farbe eines Feuerwehrautos, an das sich jemand erinnert, von den einen Nervenzellen wiedergegeben, die Erinnerung an die Form des Autos oder ans Blaulicht wird von anderen Nervenzellen erzeugt.

Wenn man nun ein rotes Auto mit Blaulicht und Leiter sieht, erkennt man es sofort wieder als eben jenes besondere Auto – als Feuerwehrauto –, weil alle Nervenzellverbände, die mit diesen verschiedenen Aspekten verknüpft sind, für einen Moment im gleichen Takt aktiv sind. Dieses ganz besondere Takt-Muster ist die Erinnerung an diesen einen besonderen Gegenstand.

Es sitzt also kein Dirigent an irgendeiner Stelle im Gehirn, der sagt: »Nervenzellen, erinnert euch daran, wie ein Feuerwehrauto aussieht!«, sondern das Konzert der Nervenzellen, die (ohne Dirigenten) im Gleichtakt feuern, liefert die Erinnerung. Im Moment der Erinnerung an einen Gegenstand werden die gleichen Verbände von Nervenzellen im gleichen Takt aktiv wie in dem Moment, in dem man den Gegenstand tatsächlich einmal wahrgenommen hat. Der Anblick eines Feuerwehrautos beschäftigt im Hirn also die gleichen Bereiche wie die reine Vorstellung und Erinnerung.

## Erinnern heißt erfinden

Das heißt aber wiederum *nicht*, dass ein abgespeichertes Bild exakt so, wie man es einmal gesehen hat, auf eine »innere Leinwand« geworfen wird. Vielmehr heißt Gedächtnis, dass das Hirn die *wesentlichen* Eigenschaften eines Gegenstands, einer Situation, einer Person behält. Beim Erinnern wird dieses *Wesentliche* aufgerufen – und alle Einzelheiten, die nötig sind, um eine vollständige Vorstellung davon zu haben, werden in diesem Moment *rekonstruiert*.

Ein Bild wird also nicht einfach irgendwohin projiziert, sondern bei jeder Erinnerung *neu gezeichnet*. Der bekannte Hirnforscher Wolf Singer nannte Erinnerungen daher einmal »datengestützte Erfindungen«. Die Neurowissenschaftler sind sich ziemlich sicher, dass sie mit diesem Erklärungsmuster vom »Konzert ohne Dirigenten« auf dem richtigen Weg sind. Sie müssen aber zugeben, dass sie bei

Weitem nicht alles erklären können, was beim Abspeichern ins Gedächtnis und beim Erinnern im Kopf abläuft.

## Falsche Erinnerung – und dennoch wahr?

Eines allerdings gilt als weitgehend sicher: Durch die *Rekonstruktion* beim Erinnern verändert sich möglicherweise auch der Zustand der entsprechenden Zellen – genauso wie beim allerersten Einspeichern einer Erinnerung. Und diese Veränderung beim Erinnern kann dazu führen, dass *die Erinnerung selbst* sich verändert. Denn nach jedem Aufrufen wird die Erinnerung neu abgespeichert. Doch dieses Abspeichern geschieht möglicherweise jedes Mal etwas anders. Normalerweise ist dieses immer wieder etwas andere Abspeichern einer Erinnerung nicht weiter tragisch. Im Gegenteil: Möglicherweise wird ein Erlebnis aus der Jugend, das jemand erzählt, mit jeder neuen Erzählung ein bisschen spannender, weil bei jeder Erinnerung ein paar neue Details dazukommen.

Allerdings kann dieses *Verändern von Erinnerung durchs Erinnern* auch fatale Folgen haben. Bei Zeugen vor Gericht ist es möglich, dass sie sich Situationen anders vor ihr inneres Auge rufen, als sie sie wirklich gesehen haben. Vor allem, wenn ihnen suggestive Fragen vom Typ »War es nicht so?« gestellt werden, kann Folgendes geschehen: Ein Zeuge oder auch ein Verbrechensopfer wird gefragt, ob es nicht ein weißes Auto war, dass er am Tatort gesehen hat. Der Zeuge erinnert sich an solche Details wie die Farbe des Autos eigentlich nicht. Doch möglicherweise ruft er sich wegen der Frage die Situation mit einem weißen Auto vors innere Auge. Diese Situation legt er unter Umständen hinterher in seinem Gedächtnis ab – als reale Erinnerung an die Situation mit einem weißen Auto. Und das, obwohl das Auto vielleicht silbern war. Auf diese Weise kann jemand die felsenfeste Überzeugung gewinnen, dass etwas so und nicht anders war, obwohl seine (reale!) Erinnerung nicht dem ursprünglichen Erlebnis entspricht.

## Wenn sich die Vergangenheit auflöst

Auch Langzeiterinnerungen können sich also verändern. Der Kern einer solchen Erinnerung bleibt bei gesunden Menschen allerdings über Jahrzehnte wie in Stein gemeißelt bestehen. So hat sich Anna Kühn bei ihrem 50-jährigen Abiturtreffen zwar an den Namen des einen oder anderen früheren Mitschülers zunächst nicht erinnert. Doch sobald sich die Mitschüler vorgestellt hatten, waren alle Namen wieder da – für den Rest des Abends und auch für die nächsten Tage und Wochen. Anna Kühn hatte also diese Namen nicht vergessen, sie waren nur gerade nicht abrufbar. Es hatte sich sozusagen eine Staubschicht über die in Stein gemeißelten Namen gelegt, die erst weggepustet werden musste.

Anders bei ihrem Bruder: Sein Langzeitgedächtnis ist durch die Alzheimer-Krankheit in vielen Bereichen stark geschädigt, Erinnerungen sind unwiederbringlich gelöscht. Auch das Abrufen der Erinnerungen, die »verschüttet« noch irgendwo in seinem Kopf vorhanden sind, fällt ihm wesentlich schwerer. So wird er sich am nächsten Tag wieder daran erinnern, dass seine Frau vor einigen Jahren ge-

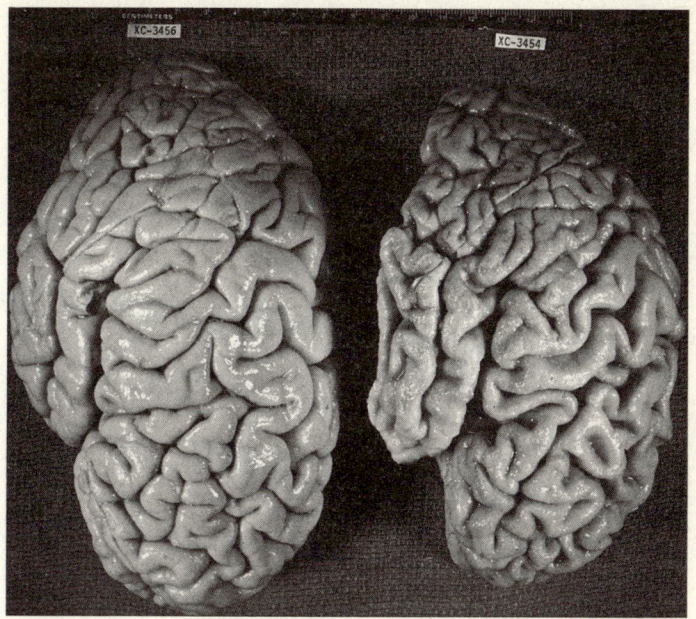

Typisch für die Alzheimer-Erkrankung ist ein Verlust an Gehirn-
masse, wie er in diesem Vergleich eines gesunden und eines kranken
Hirns gut sichtbar wird.

storben ist. Jetzt gerade hat er es aber einfach nicht präsent.
Und irgendwann, wenn die Krankheit weiter fortschreitet,
wird er sich gar nicht mehr daran erinnern können.

Was mit den Nervenzellen von Demenzkranken geschieht, ist noch nicht bis in alle Details geklärt, aber so
viel ist sicher: Bei der Alzheimer-Demenz werden Nervenzellen geschädigt. Den Schaden richten Abbauprodukte
eines bestimmten Eiweißstoffs an. Dieses Eiweiß wird bei
Gesunden durch Stoffwechselvorgänge komplett abgebaut.
Bei Alzheimer-Kranken ist der Abbauprozess jedoch gestört. Wahrscheinlich spielen erbliche Faktoren dabei eine

Rolle, aber auch andere Einflüsse, die noch nicht genau erforscht sind.

Durch die Schädigungen der Zellen kommt es zu Veränderungen am Gleichgewicht der Überträgerstoffe im Gehirn. Vor allem entsteht ein Mangel an dem Transmitter *Acetylcholin*. Bei den Versuchen, die Alzheimer-Krankheit zu behandeln, zeigt sich allerdings, wie kompliziert die Abläufe im Gehirn sind. Es ist nicht möglich, dieses Acetylcholin, an dem Mangel herrscht, von außen zuzuführen. Es besteht lediglich die Möglichkeit, mit Medikamenten den Stoff zu hemmen, der das Acetylcholin abbaut. Durch diesen Eingriff kann die Krankheit jedoch nicht geheilt werden. Die Behandlung mit den entsprechenden Arzneien kann höchstens die Symptome zeitweise ein wenig lindern.

Auch Horst Krämer nimmt solche Medikamente. Doch die Krankheit ist bei ihm so weit fortgeschritten, dass die Arznei kaum anschlägt. Seine Schwester hat sich inzwischen an den Gedanken gewöhnt, dass sie sich keine Hoffnung mehr auf eine Besserung machen darf.

Sie kommt mit diesem Gedanken zurecht, anfangs allerdings hat er sie erschreckt. Sie hat begonnen, sich auch um ihr eigenes Gedächtnis Sorgen zu machen. Deshalb prüfte sie immer wieder, an was sie sich aus ihrer Kindheit erinnern konnte. Sie war erstaunt, als sie feststellte, dass sie einzelne Erlebnisse, die teilweise sechzig oder siebzig Jahre zurücklagen, noch völlig präsent hatte. Davon ermutigt, fing sie an, ihr Gedächtnis zu trainieren wie einen Muskel.

## Gedächtnis im Fitness-Studio

In der Tat lässt sich Erinnerung in einem gewissen Maß trainieren. Geistig aktiv zu sein ist dafür die Grundvoraussetzung – so wie es für körperliche Fitness die Voraussetzung ist, dass man sich wenigstens ein bisschen bewegt. Und Anna Kühn hat sich sogenannte Mnemotechniken angeeignet, die ihr helfen, neues Faktenwissen zu erlernen und es wieder abzurufen.

Sie lernt Gedichte auswendig. Sie wiederholt sie aber nicht einfach nur immer wieder, sondern sie entwirft vor ihrem inneren Auge Räume und Landschaften, in denen sich diese Gedichte abspielen. Auf diese Weise stellt sie in ihrem Hirn Verknüpfungen her, die es ihr erleichtern, das Gelernte zu behalten. Wenn sie etwas lernen will, läuft sie dabei im Zimmer auf und ab. Denn es hat sich gezeigt, dass Bewegung das Lernen erleichtert. Eine Erklärung dafür ist: Wenn der Körper in Bewegung kommt, steigt die gesamte Aufmerksamkeit des Menschen für seine Umwelt und damit auch seine Fähigkeit, Neues ins Gehirn aufzunehmen. Anna Kühn wendet noch einen weiteren »Trick« an: Wenn sie sich im Volkshochschulkurs die Namen der anderen Kursteilnehmer merken will, denkt sie sich zu jedem Namen eine kleine Geschichte aus. Denn Informationen können leichter im Kopf behalten werden, wenn sie mit älteren Erfahrungen verknüpft sind oder untereinander bestimmte Verbindungen haben.

Auf diese Weise hat Anna Kühn sich eine Gewissheit verschafft: Ihrem Bruder geht durch seine Krankheit sein Gedächtnis zwar unwiederbringlich verloren. Doch sie, die nicht an dieser Krankheit leidet, kann ihre Erinnerungsfähigkeit nicht nur bewahren, sondern sogar weiter trainieren, obwohl sie bald achtzig wird. Denn das Gehirn bleibt immer in Veränderung – und auch die Erinnerung.

# 11

## WENN DENKEN NICHT ZU HELFEN SCHEINT

### Wie Stress entsteht – wie nützlich und wie hinderlich er sein kann

Es ist so weit. Jakob hat sich seit Monaten immer wieder die Situation vorgestellt, wie er in der letzten Abi-Prüfung sitzen würde. Jetzt sitzt er tatsächlich hier und ist tausendmal aufgeregter, als er es sich vorgenommen hat. Es ist keine Aufregung, wie er sie von anderen Prüfungssituationen kennt. Es ist *Panik*, was ihn überkommt, als er das Blatt mit den Abituraufgaben vor sich liegen sieht. Sein Herz rast, seine Hände werden feucht, seine Finger zittern, als er nach dem Kugelschreiber greift. Ihm ist schwindlig.

Einige Sekunden lang spürt er den fast unwiderstehlichen Impuls, aufzustehen, zur Tür hinauszugehen und davonzulaufen. Er ist tatsächlich kurz davor, diesem Impuls nachzugeben. Doch dann beruhigt er sich. Sein Herzschlag wird langsamer, der Atem regelmäßiger, Jakob kann wieder klare Gedanken fassen, und diese Gedanken führen zu einer Entscheidung: Er wird hierbleiben, er wird in aller Ruhe die Aufgaben durchlesen und zu verstehen versuchen. Er hat sich wochenlang auf diese Prüfung vorbereitet. Er hat es zwar nicht geschafft, das Rezept zu knacken, mit dem sein Onkel schier unglaubliche Gedächtnis- und Rechenleistungen vollbringt (siehe Kapitel 1), doch Jakob hat viel Wissen in seinen Kopf geschaufelt. Das will er jetzt abrufen. Er will Lösungen suchen. Und es gelingt ihm.

Jakob steht in seiner Abiturprüfung unter Stress – und Hirn und Körper spulen ein Programm ab, das Millionen Jahre alt ist. Stress hatte in den Zeiten, als unsere Vorfahren sich noch gegen wilde Tiere verteidigen mussten, allerdings eine ganz andere Funktion als heute. »Flucht oder Kampf«, so beschreiben Verhaltensforscher die Alternative, auf die das Stress-Programm des Menschen ausgerichtet ist.

Das Herz beginnt zu rasen, um den ganzen Körper optimal mit Blut zu versorgen. Die Atmung geht schneller, um mehr Sauerstoff aufzunehmen. Der Körper ist in Alarmbereitschaft und erzeugt dadurch zusätzliche Wärme, die durch Schwitzen reguliert wird. Die Muskulatur ist angespannt – mitunter so sehr, dass Arme oder Finger zu zittern beginnen. Über bestimmte Botenstoffe sorgt das Hirn dafür, dass der Körper seine Zuckerreserven aktiviert. Dadurch steht mehr Energie zur Verfügung, um schnell und kraftvoll zu reagieren. Auf diese Weise ist jemand, der unter Stress steht, optimal vorbereitet, um entweder gegen einen Angreifer zu kämpfen oder um zu fliehen.

Die Stress-Reaktionen im Hirn und im gesamten Körper sind allerdings vielfältiger, als man zunächst denkt. Die Botenstoffe, über die die Zuckerreserven aktiviert werden, haben erstaunliche Wirkungen. So hat sich gezeigt, dass das Hormon *Cortisol*, das an der Zuckermobilisierung beteiligt ist, indirekt wiederum die Zellen im Gehirn stimuliert: Ein gewisses Maß an Stress ist also gut fürs Köpfchen.

Dauerhafter übergroßer Stress hingegen bringt diesen Regelkreis zum Kippen. Und es gibt Hinweise, dass sich eine unausgesetzte psychische Belastung direkt auf bestimmte Nervenzellen auswirkt und sie schrumpfen lässt. Aber auch einzelne Stress-Erfahrungen können Schäden im Gehirn anrichten. Ein entsetzliches Erlebnis kann dafür sorgen, dass das »Stress-Management« dauerhaft aus dem Gleichgewicht gerät. Wer einen schweren Unfall erleidet, im Krieg eine Bombardierung überlebt oder Opfer einer Vergewaltigung wird, kann dadurch ein sogenanntes posttraumatisches Belastungssyndrom ausbilden: Noch Jahre später werden solche Menschen durch Kleinigkeiten oder auch ohne jeden sichtbaren äußeren Anlass von Angstattacken geschüttelt.

## Ein Erbe der Mammut-Zeit

Als vor 50 000 Jahren ein Jäger ein angreifendes Mammut auf sich zukommen sah, konnten die Stress-Reaktionen lebensrettend sein. In einer Mathematikprüfung ist ein solches Stress-Programm jedoch eigentlich nicht ganz optimal. Vor allem ein wesentlicher Aspekt der Stress-Reaktion, der die Denkprozesse im Gehirn betrifft, war früher wohl hilfreich, ist heute aber mitunter hinderlich: Wer unter starkem Stress steht, reagiert ohne großes Nachdenken. Er wägt nicht Vor- und Nachteile ab, er entwirft keine Szenarien, sondern konzentriert sich nur auf eine einzige Frage: »Kampf oder Flucht?« Und wenn die Frage beantwortet ist, wird gekämpft oder geflohen, jeweils mit hundertprozentigem Krafteinsatz. Kreativität ist bei einer Handlung unter großem Stress jedoch ausgeschaltet.

Zu Beginn der Mathematikprüfung wird Jakob vom alten Stress-Gedanken geplagt: Es mit den Prüfungsaufgaben aufnehmen oder fliehen? Er entscheidet, sich dem »Kampf« zu stellen. Der Fluchtimpuls steckt aber immer noch in ihm. Er lebt den mit einer Flucht verbundenen Bewegungsdrang jedoch nicht aus, indem er zur Tür läuft oder aus dem Fenster springt. Vielmehr rutscht er unruhig auf seinem Stuhl hin und her und fährt sich alle paar Sekunden mit der linken Hand durch die Haare. All diese Bewegungen führt Jakob völlig unbewusst aus – bis zu dem Moment, als der Lehrer ihn bittet, etwas ruhiger zu sitzen. Er mache ja die ganze Klasse nervös. In diesem Moment richtet Jakob sein Bewusstsein auch auf das, was seine linke Hand und seine Beine tun. Er setzt seinen Willen ein, um mit der Stress-Situation umzugehen. Doch wie *frei* dieser Wille ist, ist ein eigenes Thema.

# 12

## KÖNNEN NERVEN WIRKLICH WOLLEN?

### Der freie Wille zwischen Realität und Illusion

Jakob ist ein wenig erschrocken, als es ihm während seiner Mathe-Prüfung klar wird: Er hat tatsächlich die ganze Zeit Bewegungen ausgeführt, ohne dass er dazu bewusst seinen Willen eingesetzt hätte. Nun, als der Lehrer ihn darauf aufmerksam gemacht hat, beschließt er, sich ganz auf die Abituraufgabe zu konzentrieren. Und er beschließt, dass sein Kopf wieder die Kontrolle nicht nur über seinen Körper, sondern auch über die Situation bekommt.

Jakob setzt also seinen Willen ein, um sich selbst und die Prüfungssituation zu beherrschen. Zumindest hat er das Gefühl, dass er seinen Willen einsetzt. Unter Wissenschaftlern gibt es allerdings lebhafte Debatten darüber, was man unter dem Begriff des »freien Willens« verstehen soll. Manche bestreiten sogar, dass ein freier Wille überhaupt existiert.

Vor allem eine Reihe von Experimenten, die der amerikanische Forscher Benjamin Libet seit den 1960er Jahren durchgeführt hat, sorgte für heftige Diskussionen. Libet forderte Versuchspersonen auf, zu einem bestimmten Zeitpunkt einen Finger zu krümmen – und zwar nicht auf Anweisung, sondern in dem Moment, in dem sie es *wollten*. Sie sollten gleichzeitig mit einer speziellen Uhr angeben, wann sie diesen Beschluss, den Finger zu krümmen, fassten. Parallel wurde über ein Elektroenzephalogramm (EEG), das bestimmte elektrische Spannungsveränderungen im Kopf messen kann, die Gehirnaktivität beobachtet.

Dabei hat sich Libet besonders dafür interessiert, in welchem zeitlichen Ablauf die Bewegung ausgeführt wurde. Denn im Gehirn sind auch an einfachsten bewussten Bewegungen eine ganze Reihe verschiedener Systeme beteiligt. Zunächst kommt aus einem System der *Antrieb*, eine Bewegung auszuführen. Ein anderes System legt einen *Plan* an, welche Muskeln für diese Bewegung Befehle erhalten müssen. Dieser Plan wird von einem weiteren System als Befehl über eine spezielle Nervenbahn an das Rückenmark und die Nerven übermittelt, die dann die für diese Bewegung nötigen Muskeln aktivieren.

Libets Versuch zeigte etwas Unerhörtes: Noch *bevor* die Versuchspersonen die willentliche Entscheidung »Ich krümme jetzt den Finger« getroffen hatten, stand das Programm für diese Bewegung bereits in anderen Hirnregionen fest. Daraus ließe sich der Schluss ziehen: Das Gehirn macht sozusagen, was es will, und gaukelt uns den freien Willen nur vor.

Später gab es eine Reihe von Erklärungen, um Libets Ergebnisse wieder mit dem Konzept des freien Willens in Einklang zu bringen. Der Forscher selbst beispielsweise vertritt die These, dass der Mensch mit seinem Willen vielleicht nicht alle Handlungen dauernd bewusst steuert. Vielmehr würden ständig alle möglichen Tätigkeiten unbewusst vorbereitet und auch ausgeführt. Doch der Wille könne dabei stets ein »Veto« einlegen. Libets Versuche haben aber dennoch dazu beigetragen, die Idee ins Wanken zu bringen, dass der Mensch durch seinen Willen völlig frei Entscheidungen treffen kann.

Nicht nur sein Experiment, sondern auch verschiedene Versuche mit Tieren stellten nach Ansicht mancher Neurowissenschaftler die Vorstellung infrage, dass Menschen einen freien Willen haben. Aus Messungen an den Nervenbahnen einfach strukturierter Tierarten, wie beispielsweise Würmern oder Schnecken, lässt sich so gut wie sicher vorhersagen, was diese Tiere als Nächstes tun werden. Ähnlich sei es beim Menschen, so die These: Das, was wir als frei bestimmte Handlungen empfinden, sei im Prinzip nur die Folge eines Erregungsmusters im Gehirn. Unser Bewusstsein hält zwar eine Handlung für eine frei getroffene Entscheidung, doch in Wirklichkeit sei diese Handlung eben das Ergebnis von Erregungsmustern, die sich nach gewissen Gesetzmäßigkeiten entwickeln, so die These. Diese Gesetzmäßigkeiten, die im Gehirn ihre Wirkung entfalten, seien zwar unerhört kompliziert – aber sie hätten eben nichts mit einem freien Willen zu tun.

Manche Wissenschaftler sprechen in diesem Zusammenhang von einer »Zombie-Theorie«. Verkürzt gesagt, lautet sie so: Auch wenn wir keinerlei Bewusstsein hätten und uns wie Zombies durch die Welt bewegten, würden wir die gleichen Entscheidungen treffen. Wir würden das Gleiche essen, um unseren Hunger zu stillen. Wir würden uns den gleichen Partner suchen, um uns fortzupflanzen. Wir würden die gleichen Kleider anziehen, um uns gegen Kälte zu schützen oder um andere Menschen damit zu beeindrucken. Dass wir glauben, all diese Entscheidungen aus freiem Willen zu treffen, sei eine Illusion.

Solche Theorien haben allerdings einen Haken: Sie widersprechen den Erfahrungen, die jeder täglich macht. Jeder trifft dauernd Entscheidungen, und er erlebt sich dabei als jemanden, der eben keine Marionette ist, sondern einen mehr oder minder freien Willen hat. Und allein schon dadurch, dass jeder selbst und alle gemeinsam erklären, sie hätten einen freien Willen, würde dieser freie Wille Realität, meint beispielsweise der Neurowissenschaftler Wolf Singer. Allerdings sagt Singer auch, dass der freie Wille *nicht mehr* ist als eine Vorstellung, die die Menschen sowohl einzeln als auch gemeinsam entwickeln. »Verschaltungen legen uns fest: Wir sollten aufhören, von Freiheit zu sprechen«, heißt dementsprechend ein Aufsatz des Hirnforschers Singer.


## Die Grenzen des freien Willens

Der Standpunkt, den Singer vertritt, ist auch unter Wissenschaftlern durchaus umstritten. Auf einige Aussagen können sich allerdings die meisten Hirnforscher einigen. Erstens: Der vermeintlich freie Wille hat Grenzen, mitunter sehr enge Grenzen. Ein Mensch, der eine Entscheidung trifft, tut das immer vor dem Hintergrund der genetischen Veranlagung, mit der er auf die Welt gekommen ist – und die auch sein Gehirn prägt. Und zweitens: Jeder Mensch trifft seine Entscheidung vor dem Hintergrund der Erfahrungen, die er gemacht hat – und die in seinem Gehirn abgespeichert sind: emotionale Erfahrungen ebenso wie Wissen. Die Alternativen, unter denen jemand bei einer Entscheidung auswählt, sind also immer begrenzt.

Ein Beispiel: Nehmen wir an, ein Kardinal der katholischen Kirche wird zum Papst gewählt. Dann wird er vielleicht überlegen, ob er zur Feier seiner Wahl mit jemandem gelegentlich ein Glas Wein trinkt. Und er wird vielleicht die Wahl treffen zwischen Weißwein und Rotwein. Er wird aber sicherlich nicht zur Feier des Tages seine Haare grün färben, abends in die Disco gehen, sich dort betrinken und am nächsten Tag neben einer Frau aufwachen, deren Namen er nicht kennt.

Dass der neu gewählte Papst all das nicht tut, ist dabei keine Willensentscheidung *gegen* verschiedene Handlungsmöglichkeiten. Vielmehr ist es so, dass für diesen Mann jene Handlungen *gar keine Möglichkeit darstellen*. Er *kann* nicht zur Feier des Tages sich die Haare grün färben, in die Disco gehen etc. Denn die Instanz in seinem Gehirn, mit der er Entscheidungen trifft – also sein Bewusstsein –, sieht solche Handlungen gar nicht als Option vor. Seine ganze Lebensgeschichte, die ihn prägt, macht ein solches Verhalten unmöglich. Wer als Junge streng katholisch aufgewachsen ist, Priester wurde, Kardinal wurde, zum Papst gewählt wird, der hat zwar in mancher Hinsicht noch eine bestimmte Bandbreite von Handlungsalternativen. Aber manche Handlungsmöglichkeiten, die für andere Menschen denkbar sind, kommen in seiner Welt schlicht nicht vor.

Anders beispielsweise bei Jakob, der gerade seine Abiturprüfung abgelegt hat. Für jemanden wie ihn könnte durchaus denkbar sein, dass er sich zur Feier der bestandenen Prüfung die Haare grün färbt, in die Disco geht und so weiter. Ob er so etwas, was theoretisch im Rahmen seiner Handlungsoptionen liegt, tatsächlich tut, hängt dabei wiederum nicht nur von ihm selbst ab und von den Entscheidungsprozessen in seinem Kopf. Es kommt auch wesentlich darauf an, was andere Menschen tun, wie sie ihn beurteilen, was für Entscheidungen sie mit ihrem jeweiligen freien Willen treffen. Auch sie haben einen Einfluss darauf, welche Handlungsoptionen für Jakob wirklich infrage kommen.

Wenn Jakobs Freunde zur Entscheidung kommen, es über die Maßen lächerlich und peinlich zu finden, sich die Haare grün zu färben, dann lässt er es vielleicht sein – weil sein Gehirn sozusagen nach einer Rückkopplung mit anderen Gehirnen zu einem bestimmten Ergebnis kommt. Wenn hingegen eine Mehrheit der Klasse sagt: »Wir gehen jetzt gemeinsam Haare färben«, dann macht er vielleicht mit – weil die Rückkopplung mit den anderen Gehirnen ihn in dieser Entscheidung bestärkt.

Völlig frei ist der Wille also bei keinem Menschen, denn jeder Mensch ist zu jedem Zeitpunkt eingebettet in die Erfahrungen, die er in seinem Leben bis dahin gemacht hat. Und jede mit einem vermeintlich freien Willen getroffene Entscheidung ist immer auch abhängig davon, was andere Menschen denken und entscheiden.

Damit kein Missverständnis aufkommt: Beim oben erwähnten Papst ist es sicherlich auch so, dass die Menschen, die im Vatikan um ihn herum leben, es höchst befremdlich fänden, wenn er sich die Haare grün färben würde. Aber *das* ist nicht der Grund, warum er es sein lässt. Grüne

Haare zählen vielmehr überhaupt nicht zu den *Optionen*, die sein Hirn in Erwägung zieht. (Darauf würden zumindest die Autoren dieses Buches wetten. Wenn sie eine anders lautende Stellungnahme vom Papst erhalten, werden sie das Buch gern entsprechend überarbeiten.)

Wie brüchig die Idee vom freien Willen sein kann, zeigt sich auch bei neurologischen und psychiatrischen Erkrankungen. Ein Patient, der einen epileptischen Anfall erleidet, *kann* seine Arme und Beine nicht stillhalten, sosehr er sich auch anstrengt. Er kann den Anfall auch nicht durch Willenskraft aufhalten, so wie manche Menschen durch Willenskraft ein Niesen unterdrücken. Und wer unter Schizophrenie leidet, hat oft das Gefühl, von fremden Mächten gesteuert zu sein. Sein eigener, vermeintlich freier Wille ist in diesem Moment ausgeschaltet – unter anderem, weil bestimmte Stoffwechselvorgänge im Gehirn aus dem Gleichgewicht geraten sind (siehe Kapitel 9).

## Jeder steht am Ende einer Kette

Gewisse Zweifel an der Freiheit des Willens kann man auch bekommen, wenn man auf die eigene Biografie zurückschaut – und je älter man wird, desto mehr. Als Jakob als Zehnjähriger aufs Gymnasium ging, empfand er das als freie Entscheidung. Das heißt: Eigentlich hat er sich gar keine so großen Gedanken darüber gemacht. Seine Noten waren gut genug. Seine Eltern wollten, dass er aufs Gymnasium ging. Viele seiner Freunde sind dorthin gegangen, also hat er es auch getan.

Als er nach dem Abi zunächst Englisch studiert, dieses

Studium dann aber abbricht, als er einen Medizinstudienplatz erhält, empfindet er auch das als freie Entscheidungen. Ebenso wie die Entscheidung, Martina zu heiraten, die als Lehrerin ihr Geld verdient. Auch mit Martina zwei Kinder zu zeugen und in ein Reihenhaus zu ziehen, empfindet Jakob als freie Entscheidung. Nur wenn er irgendwann einmal auf sein Leben zurückblickt, wird er sich vielleicht denken, dass das alles doch auf merkwürdige Weise vorherbestimmt erscheint. Er ist Sohn einer Ärztin und eines Rechtsanwalts, die ebenfalls zwei Kinder hatten und in einem Reihenhaus wohnten. In einem gewissen Rahmen setzt Jakob durch seine vermeintlich freien Entscheidungen offenbar eine Kette fort, die er sich als 18-Jähriger in dieser Form gar nicht vorstellen konnte.

Es gehört natürlich auch zum Leben der Menschen, dass Kinder einen völlig anderen Weg einschlagen als ihre Eltern, dass sie vielleicht schon im Alter von 16 Jahren mit allem brechen, was sie zu Hause vorfinden. Und auch wer nicht komplett aus seiner Familientradition ausschert, probiert häufig Neues aus, was in seiner Sippe noch nicht vorgekommen ist. Doch das widerspricht keineswegs der überraschenden Vorhersehbarkeit mancher Lebensläufe. Das Gehirn des Menschen bewegt sich einerseits eben in einem Korridor, der durch Vererbung, Erfahrung oder Familientradition gestaltet wird. Das Gehirn ist aber auch flexibel. Es ist in der Lage, neugierig zu sein, Neues auszuprobieren, manchmal sogar völlig Neues.

## Kein großes Buch

Mancher Lebenslauf erscheint im Nachhinein also verblüffend zwangsläufig, zum Beispiel der von Jakob. Eines dürfte aber sicher sein: Es gibt nirgendwo ein Programm, in dem festgeschrieben steht, welche exakten Zustände Jakobs Gehirn wann einnimmt, die ihn dann zu bestimmten Entscheidungen veranlassen. Die Abläufe im Kopf sind viel zu komplex und vielfältig, als dass sie alle in einem Ablaufplan vorherbestimmt sein könnten. Wie an anderer Stelle in diesem Buch bereits mehrfach erläutert (siehe Kapitel 2): Rund 100 Milliarden Nervenzellen im Gehirn stehen über rund 100 Billionen Synapsen miteinander in Kontakt – wodurch Jakobs Hirn mehr *Zustände* einnehmen kann, als das Universum Moleküle hat.

Und eines kommt noch hinzu: Jakobs Gehirn verändert sich ständig durch den Austausch mit seiner Umwelt und mit anderen Menschen. Die jeweils 100 Milliarden Hirnzellen seiner Mutter, seines Vaters, seiner Freunde sind mit Jakob indirekt vernetzt. Sie beeinflussen ihn in dem, was er fühlt und denkt. Und auch in dem, wofür oder wogegen er sich entscheidet. Und die Vernetzung läuft genauso auch umgekehrt. Jakob beeinflusst seine Eltern, Freunde, Bekannten. Das Gehirn sei eigentlich nicht so sehr ein *Denk*organ, sondern vielmehr ein *Sozial*organ, meint deshalb beispielsweise der Neurowissenschaftler Gerald Hüther.

Und nicht nur mit den Gehirnen seiner Verwandtschaft und seines Freundeskreises ist Jakob vernetzt. Er steht indirekt auch in Verbindung zu sehr entfernten Menschen. Wenn er in der Zeitung liest, was der amerikanische Präsident zu einem bestimmten Thema sagt, dann denkt sich

Jakob etwas dazu. Insofern verändern die Gedanken, die sich der US-Präsident in Washington macht, die Gedanken, die sich Jakob im weit entfernten Deutschland macht. Wenn Jakob sich vielleicht entschließt, beim nächsten Deutschland-Besuch des US-Präsidenten an einer Protestdemonstration gegen die amerikanische Militär- und Dritte-Welt-Politik teilzunehmen, wird er damit aber auch möglicherweise indirekt einen minimalen Einfluss auf das Denken des amerikanischen Regierungschefs nehmen. Denn der US-Präsident macht sich sicher nicht über jeden einzelnen Protestierer Gedanken. Die Summe aller Proteste dagegen beschäftigt ihn vielleicht doch.

So lässt sich über den Willen eines wohl mit Sicherheit sagen: Es gibt bestimmte Korridore und Wahrscheinlichkeiten, wofür und wogegen sich Menschen entscheiden. Aber was sie aus ihren Möglichkeiten machen, das ist am Ende dann immer das Ergebnis einer willentlichen Entscheidung.

## Wenn der Wille nicht frei ist – gibt es dann Verbrechen?

Diese Erkenntnis müsste auch bei Gerichtsverfahren und bei der Bestrafung von Verbrechern stärker berücksichtigt werden, meinen die meisten Hirnforscher. Wer eine Bank überfällt, eine Frau vergewaltigt oder jemanden mit einem Messer halb totsticht, tut das nicht, weil ihm aus heiterem Himmel die Idee dazu gekommen ist. Jedes Verbrechen steht am Ende einer langen Geschichte. Diese Geschichte führt im Hirn eines Kriminellen zu Prozessen, die das Verbrechen, das er begeht, für ihn zu einer *Handlungsalternative* werden lassen.

Kaum ein ernstzunehmender Forscher hat Zweifel daran, dass eine Gesellschaft nur mit Regeln funktioniert – und dass auch etwas geschehen muss, wenn jemand gegen diese Regeln verstößt. Die Frage, die sich Richter und Justizminister nach Ansicht der meisten Neurowissenschaftler allerdings stellen müssten, ist folgende: »Was muss man mit einem Kriminellen tun, damit sich die Abläufe in seinem Kopf so ändern, dass für ihn ein Verbrechen künftig nicht mehr infrage kommt?« Es ist an vielen Stellen in diesem Buch geschildert worden: Das Gehirn jedes Menschen kann sich ein Leben lang verändern. Also können auch die Abläufe in den Köpfen von Kriminellen verändert werden.

Einen Verbrecher einfach nur mehrere Jahre lang mit anderen Verbrechern zusammensperren, deren Köpfe ganz ähnlich ticken, ist wahrscheinlich nicht die beste Lösung. Gefängnisse müssten vielmehr Orte sein, in denen Kriminelle das, was in ihren Köpfen passiert, tatsächlich abändern. Für Sexualstraftäter beispielsweise gibt es Therapieangebote, oftmals wenigstens. Doch selbst wenn solche Therapien optimal ausgestattet sind, haben sie keine Erfolgsgarantie. Denn auch hier zeigt sich wieder, dass das Gehirn kein hochkomplizierter Computer ist: Es ist keine Maschine, die man umprogrammieren kann, wenn Software-Probleme auftreten.

Und es gibt Menschen, bei deren Hirn- und Persönlichkeitsentwicklung so viel schiefgelaufen ist, dass sie sich auch nach der aufwendigsten Therapie wahrscheinlich immer noch nicht kontrollieren können. Die Antwort, die die deutsche Justiz in solchen Fällen hat, ist Gefängnis bis ans

Lebensende. Im Juristendeutsch: lebenslange Freiheitsstrafe mit anschließender Sicherungsverwahrung.

## Wir sind keine Marionetten

Alles, was ein Mensch tut, wofür er sich entscheidet, wogegen er sich entscheidet, hängt also damit zusammen, was er früher einmal getan, wie er sich früher entschieden hat. Und es hängt damit zusammen, was für Entscheidungen seine Eltern, seine Tanten und Onkel, seine Lehrer, seine Freunde getroffen haben. Denn alles das, was jeder Einzelne tut und was seine Umwelt tut, hinterlässt wiederum Spuren im Kopf jedes Einzelnen. Ein völlig freier Wille, der wie eine Wolke um jeden einzelnen Menschen herumschwebt, ist also offensichtlich keine sinnvolle Vorstellung.

Ebenfalls wenig sinnvoll ist allerdings eine andere Vorstellung: Wer auf die Idee kommt, dass der Mensch nur eine Marionette wäre, die an den Fäden des allmächtigen Gehirns hängt, der begeht einen ganz grundlegenden Denkfehler. In vielen Aufsätzen diverser Wissenschaftler kann man zwar immer wieder Formulierungen lesen wie »das Gehirn entscheidet«, »das Gehirn fühlt«, »das Gehirn erinnert sich«. Doch solche Formulierungen können leicht in die Irre führen. Es ist unmöglich, den Menschen getrennt von seinem Gehirn zu betrachten. Es gibt kein kleines Männchen im Kopf, das an verschiedenen Steuerhebeln zieht und drückt, um den Menschen zu steuern. Der Mensch *ist* sein Gehirn – in all seiner wundersamen Unverständlichkeit und Kompliziertheit.

# 13

# MIT DEM HIRN
# STIRBT DER MENSCH

## Warum der Niedergang der Nervenzellen
## das Ende des Lebens bedeutet

Mike hatte zweifellos ein gutes Leben. Er war viel mit seinen Freunden unterwegs. Er trieb gern Sport, hielt sich gern in der Natur auf. Bis zu dem Frühlingstag, als er mit seinem Motorrad unterwegs war, auf das er über ein Jahr lang gespart hatte. Mike fuhr gar nicht besonders schnell in diese Kurve in einem kleinen Wäldchen. Aber als er plötzlich ein Reh auf der Straße stehen sah, verriss er den Lenker, kam von der Straße ab und prallte gegen einen Baum. Niemand hatte Schuld, es war schlicht ein Unglück, in das der 20-Jährige hineingeriet.

Es dauerte nicht lange, bis ein Autofahrer Mike fand und einen Rettungswagen alarmierte. Schon die Sanitäter stellten fest, was die Ärzte im Krankenhaus später bestätigten. Durch den Unfall hatte sich Mike schwere Verletzungen am Kopf zugezogen. Obwohl er einen Helm trug, waren die Schädelknochen gebrochen. Zu der direkten Verletzung durch den Unfall kam aber schnell noch ein weiteres Problem. So wie viele andere Organe reagiert das Gehirn auf Verletzungen, indem es anschwillt. Doch in der knöchernen Höhle des Schädels ist kein Platz für das anschwellende Gehirngewebe. In der Folge werden im Gehirn Blutgefäße durch die Schwellung abgequetscht.

Genau das passierte auch bei Mike in den Stunden nach seiner Einlieferung ins Krankenhaus. Sein Gehirn schwoll an, obwohl die Ärzte alles taten, um die Schwellung zu unterdrücken. Für eine Operation war es allerdings schon zu spät, als er eingeliefert wurde. Nun führte eine Besonderheit des Nervensystems zu fatalen Folgen. Das Gehirn verbraucht rund 20 Prozent des Sauerstoffs, den der menschliche Blutkreislauf transportiert – und das, obwohl es nur etwa zwei Prozent des Körpergewichts eines Erwachsenen ausmacht. Der Hunger des Gehirns nach Sauerstoff ist also beträchtlich. Doch wenn dieser Hunger nicht gestillt wird, weil die Blutgefäße zugedrückt werden, sterben die Nervenzellen schnell ab. Schon nach drei bis acht Minuten ohne Sauerstoff werden die Zellen in den äußeren Hirnregionen, vor allem in der Großhirnrinde, unwiederbringlich zerstört. Nach spätestens zehn Minuten wird auch der Hirnstamm geschädigt.

Schädigungen des Gehirns durch Sauerstoffmangel können in vielen verschiedenen Stufen auftreten. Wenn nur Nervenzellen einiger bestimmter Gehirnregionen geschädigt sind, treten beispielsweise Lähmungen auf. Sie können sich aber wieder zurückbilden. Wenn weitergehende Teile des Gehirns geschädigt sind, fallen die Patienten möglicherweise in ein sogenanntes »Wachkoma«. Meist sind Teile des

Großhirns betroffen, weshalb die Patienten sich nicht mehr selbstständig bewegen können, sie können auch nicht sprechen oder sonst direkten Kontakt mit ihrer Umwelt aufnehmen. Die Teile des Gehirns, die zum Beispiel die Atmung steuern, sind aber noch ausreichend intakt, damit diese Menschen weiterleben können, wenn auch mit beträchtlichen Einschränkungen.

Wenn jedoch alle Teile des Gehirns geschädigt sind, vom Großhirn über das Kleinhirn bis zum Hirnstamm, sprechen die Ärzte vom *Hirntod*. In diesem Zustand kann ein Patient nicht mehr selbstständig atmen. Wenn er allerdings an eine Beatmungsmaschine angeschlossen ist, bleibt sein Kreislauf zunächst in Gang.

## Ein Toter – mit warmem Körper

Es ist ein gespenstisches Bild für Mikes Eltern, als sie zu ihrem Sohn geführt werden. Sein Körper liegt auf einem Krankenbett ausgestreckt. Er ist an verschiedenste Apparaturen der Intensivmedizin angeschlossen. Der Brustkorb hebt und senkt sich durch die Luft, die die Beatmungsmaschine hineinbläst. Seine Haut ist warm, Mikes Körper hat sogar eine leicht erhöhte Temperatur. Mike liegt also da wie jemand, der bewusstlos ist, aber dem äußeren Anschein nach vielleicht wieder gesund werden könnte. Doch ihr Sohn sei tot, *hirntot*, erklären die Ärzte seinen Eltern.

Der Begriff des Hirntods ist genau definiert. So reagieren Mikes Pupillen nicht mehr darauf, wenn die Ärzte in sie hineinleuchten. Wenn die Reflexe, die über den Hirnstamm gesteuert werden, noch funktionieren, sorgt das

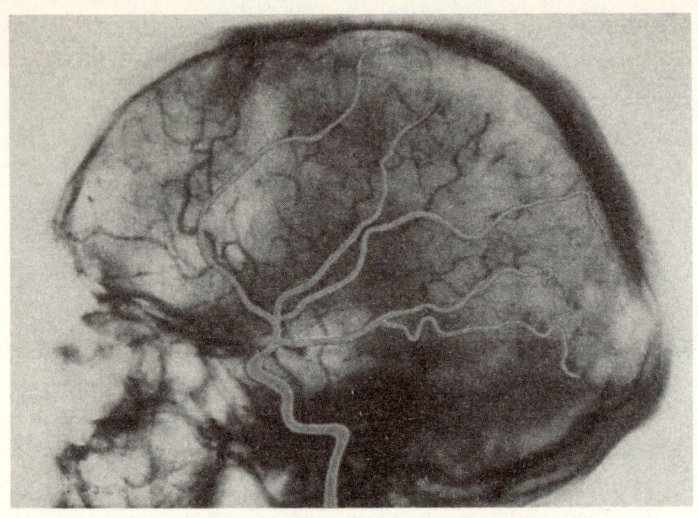

In diesem Röntgenbild eines Gesunden ist gut zu sehen, dass das Gehirn durch die wichtigsten Adern normal durchblutet wird.

Licht dafür, dass die Pupille kleiner wird. Ein Ausbleiben dieses Reflexes gilt als Beleg, dass nicht nur das Großhirn, sondern auch der Hirnstamm abgestorben ist. Das Gleiche gilt für andere Reflexe: Wenn die Ärzte Mikes Kopf hin und her bewegen, bleiben die Augen starr. Bei Patienten, die lediglich bewusstlos sind, wandern die Augen reflexhaft in die Gegenrichtung.

Auch eine Berührung der Oberfläche des Auges, also der Hornhaut, löst bei Mike keine Reflexe aus. Ebenso wenig hat er einen Würgereflex, wenn ihm etwas in den Hals gesteckt wird. Und wenn der Sauerstoff im Beatmungsgerät heruntergeregelt wird, fängt er nicht von selbst an zu atmen. Daneben prüfen die Ärzte, ob es noch elektrische Signale in Mikes Gehirn gibt. Doch das Elektroenzephalogramm zeigt nichts, nur eine glatte Linie. Bei Patienten, die

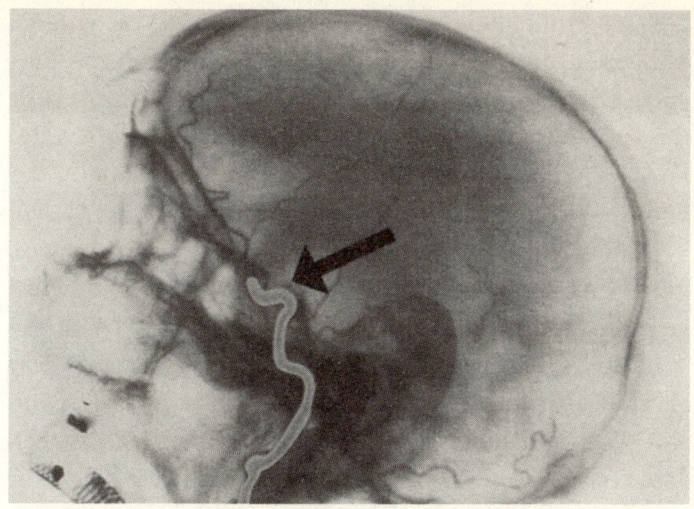

Bei dieser Röntgenaufnahme eines Hirntoten ist die Blutversorgung fast des gesamten Kopfes unterbrochen. Das Gehirn ist ohne Sauerstoffversorgung, nur noch in Richtung Gesicht transportiert eine Schlagader Blut.

in einem tiefen Koma liegen oder im »Wachkoma« sind, gibt es hier noch Signale zu sehen.

## Hilfe für anderes Leben

Nicht der Stillstand des Herzens oder das Ende der Atmung, sondern der Hirntod ist der Tod eines Menschen – das ist heute allgemeine Lehrmeinung in der Medizin, und auch die großen Religionsgemeinschaften haben diese Sicht akzeptiert. Ärzte, aber auch viele andere Gruppen der Gesellschaft haben lange über diese Frage diskutiert. Denn der Hirntod gilt auch als der Zustand, in dem dem Körper

Organe entnommen werden dürfen, sofern die anderen Voraussetzungen für eine Organspende vorliegen: das Einverständnis des Spenders oder seiner Angehörigen (das ist die Regelung in Deutschland) oder *kein Widerspruch* des Spenders (das ist Regelung in vielen anderen Ländern, wie beispielsweise Österreich oder Spanien).

Mike selbst hatte sich keinen Organspender-Ausweis zugelegt. Doch nach einiger Bedenkzeit sind seine Eltern sicher, dass er damit einverstanden gewesen wäre, nach seinem Tod kranken Menschen zu helfen. Und so geschieht es auch. Die Ärzte entnehmen dem Körper, aus dem das Bewusstsein und die eigentliche Lebenskraft des Menschen Mike schon lange verschwunden sind, das Herz. Sie pflanzen es einem nur wenige Jahre älteren Mann ein, der wegen einer schweren Herzkrankheit ohne dieses Herz vielleicht bald gestorben wäre. Mikes Nieren ermöglichen es einer schwerkranken Frau und einem schwerkranken Mann, von der anstrengenden Blutwäsche durch Maschinen, der Dialyse, loszukommen. Mikes Organe ermöglichen anderen Menschen ein fast normales Leben.

Mike hätte es so gewollt, darin sind sich seine Eltern sicher. Was allerdings aus seinem Wesen als Mensch, aus seinem Bewusstsein, aus seinem Willen geworden ist – darüber kann man ganz unterschiedliche Gedanken haben.

# 14

# DAS GEHIRN – WEIT MEHR ALS DIE SUMME SEINER TEILE

*Ein kleiner Warnhinweis: Bis zu dieser Stelle haben wir in unserem Buch versucht, Sachverhalte rund ums Gehirn auf eine populärwissenschaftliche Weise zu erklären. Ausgespart geblieben ist dabei eine Frage, die die Menschen seit Jahrtausenden beschäftigt: Gibt es etwas wie eine Seele, die über die rein körperliche Existenz des Menschen und seines Gehirns hinausgeht? Dass dieses Thema bislang nicht behandelt wurde, hat Gründe. Am Versuch, diese Frage rein naturwissenschaftlich zu beantworten, haben sich schon viele die Zähne ausgebissen. Und die philosophischen und theologischen Antworten füllen ganze Bibliotheken. Wir haben deshalb zwischenzeitlich überlegt, diese Frage einfach gar nicht zu behandeln. Denn wir hatten Sorge, ein Thema anzupacken, das so schwergewichtig ist, dass wir es nicht stemmen können, dass wir uns vielleicht sogar in den Augen mancher Leser lächerlich machen. Doch dann sind wir zu dem Ergebnis gekommen, dass wir es uns zu einfach machen, wenn wir ein so bedeutsames Thema einfach aus-*

*sparen. Wir haben uns deshalb entschieden, das Buch mit ganz persönlichen Überlegungen zu schließen. Ohne einen wissenschaftlichen oder philosophischen Anspruch, sondern als eine Art privates Nachwort.*

## Teil 1 – Nikolaus Nützel: Was der nicht medizinisch ausgebildete Autor dieses Buches zur Frage sagt: Gibt es eine Seele?

»Also ist alles nur Chemie und elektrische Entladungen.« So sagen manche mit einer Prise Resignation in der Stimme, wenn sie sich mit den Erkenntnissen der Neurowissenschaften beschäftigt haben. Gerade das Konzept des Hirntods bestärkt manche in dieser nüchternen Sicht: Wenn kein Strom in den Zellen mehr fließt, ist der Schalter umgelegt – alles vorbei.

Und wenn sich beim lebenden Menschen alles durch Neurotransmitter und Aktivierungspotenziale erklären lasse, dann gebe es keinen Platz mehr für etwas wie eine *Seele*, und schon gar nicht für etwas, womit diese Seele in Kontakt steht, das man Gott nennen mag. So lässt sich diese Haltung auf den Punkt bringen. Und auf den ersten Blick scheint es genau so zu sein: Alles nur Chemie und Physik.

Dieser nüchternen Feststellung liegen aber ein paar Denkfehler zugrunde, meine ich. Erst einmal ist das Wörtchen »nur« völlig unpassend, wenn es ums Gehirn geht. Denn es ist (nicht nur in diesem Buch) an vielen Stellen erklärt worden: Die Vorgänge im Gehirn lassen sich bis in viele Details hinein mit biochemischen Vokabeln beschreiben. Doch haben die Menschen durch diese Beschreibung noch lange nicht *begriffen*, was im Gehirn eigentlich vor sich geht. Und es steht zu vermuten, dass sie es so bald auch nicht wirklich begreifen werden.

Dafür scheint das Hirn des heutigen Menschen dann doch wieder zu simpel zu sein, als dass es die eigene Komplexität wirklich *begreifen* könnte. Da müssen wir wohl noch ganz andere Stufen der Erkenntnis erklimmen. Wodurch allerdings wieder die Komplexität des Gehirns stiege – was es noch schwieriger machen würde, es zu begreifen, und so weiter und so fort: Wenn das Organ, das im Wesentlichen für das *Begreifen der Außenwelt* zuständig ist, versucht, sich selbst und *sein Inneres* zu begreifen, dann hat das etwas von dem Hund an sich, der versucht, seinen eigenen Schwanz zu fangen. Er dreht sich im Kreis, immer schneller und immer schneller. Doch es gelingt ihm einfach nicht.

Das Wörtchen »nur« im Satz »Alles nur Chemie« ist auch aus einem weiteren Grund fehl am Platz. Im Gehirn sind in der Tat Neurone miteinander verflochten, deren Aufbau und Austausch sich auf diverse chemische Bestandteile und physikalische Gesetzmäßigkeiten zurückführen lassen. Aber in ihrem Zusammenspiel sind diese Bestandteile und Gesetzmäßigkeiten weit mehr als die Summe ihrer Teile.

Niemand käme auf die Idee zu sagen: »Bei seinem Bild der Mona Lisa hat Leonardo da Vinci soundso viel Gramm braune Farbe verwendet, soundso viel Gramm rote Farbe, soundso viel Gramm weiße Farbe und so weiter – also ist alles nur Farbe.« Alle sind sich einig, dass der geniale Künstler Zutaten verwendet hat, die vergleichsweise einfach zu beschreiben sind. Wenn man das Ergebnis seines Schaffens begreifen will, ist es aber viel zu wenig, die Liste der Zutaten und ihre Zusammensetzung zu betrachten.

Das Zusammenspiel von Neuronen, Neurotransmittern, elektrischen Entladungen und so weiter ist meiner Ansicht nach also unbeschreibbar viel mehr als »nur Chemie«. Denn es entsteht aus diesem Zusammenspiel in jedem einzelnen Kopf ein Bewusstsein, das sagen kann: »Ich.« Ein Bewusstsein, das über sich selbst nachdenken kann, das über Vergangenes und Künftiges nachdenken kann. Und ein *Ich*, das noch viel mehr kann als denken. Es kann *empfinden*: nicht nur Angst und Freude, sondern auch Liebe, Moral – und bei vielen Menschen Religiosität.

Das Gehirn hat eben ganz verschiedene Fähigkeiten. Es hat zum einen Funktionen, die es dem Menschen erlauben, sehr präzise und rationale Beschreibungen und Erklärungen anzufertigen: Genaue Abbildungen, was an einer Synapse passiert, exakte Beschreibungen, wann wo welcher Impuls ausgelöst wird: Dopamin, Acetylcholin, Serotonin. Das sind alles präzise, saubere wissenschaftliche Begriffe, mit denen sich eine wissenschaftliche Wahrheit darstellen lässt. Wenn der eine Forscher korrekt beschreibt, unter welchen Bedingungen Dopamin ausgeschüttet wird, wird ein anderer Forscher es nachprüfen können – und er wird zum gleichen Ergebnis kommen. So funktioniert Wissenschaft.

Aber jenseits dieser exakt beschreibbaren Wahrheit gibt es eine weitere Wahrheit, die sich nicht so exakt mit Begriffen beschreiben lässt – und die sich dennoch vor allem im Gehirn abspielt: Angst, Wut, Trauer, Glück, Sorge, Liebe, Erlösung sind Erfahrungen, Zustände, die verschiedene

Menschen unterschiedlich erleben. Was der eine Forscher verspürt, wenn er einen Wissenschaftspreis gewonnen hat, ist etwas anderes als das Glück, das ein anderer Preisträger empfindet. Es gibt also ein Erleben, das sich einer *exakten* wissenschaftlichen Beschreibung entzieht. Dennoch ist dieses Erleben Wirklichkeit. Auch das ist in meinen Augen ein Beleg, dass es eben weit mehr gibt als »nur Chemie«.

»Aber wenn der Mensch stirbt, wenn das Hirn aufhört zu arbeiten, dann ist es vorbei mit diesem Bewusstsein, diesem *Ich*, das Angst, Glück und Liebe empfindet«, so sagen die Anhänger der »Alles nur Chemie«-These. An diesem Argument ist natürlich einiges dran. Sicherlich kann mein Hirn nach meinem Tod keine Signale von den Augen mehr empfangen, die bedeuten: »Dich schaut gerade jemand an.« Und die Nervenzellen in meiner Haut können keine Signale mehr ans Gehirn geben, die bedeuten: »Du wirst gerade berührt.«

Aber mein *Ich* in der Verfassung, wie ich es heute erlebe, ist ja auch bei Weitem nicht mehr das *Ich* von vor zwanzig Jahren. Wenn ich heute in die Stadt reise, in der ich Abitur gemacht habe, wenn ich Mädchen treffe, in die ich damals unsterblich verliebt war, dann merke ich, dass es ein ganz anderer war, der damals durch die Gassen lief. Der Mensch von damals ist, wenn man es hart ausdrückt, tot. Würde ich deswegen behaupten, dass es mein *Ich*, so wie es vor zwanzig Jahren war, gar nicht gegeben hat?

In dem Filmklassiker *Hausboot* aus dem Jahr 1958 gibt es eine hübsche Szene: Ein Junge, dessen Mutter gestorben ist, fragt sich, wo sie jetzt wohl sei. Eine Erzieherin, die der Vater des Jungen angestellt hat, zeigt ihm ein Glas Wasser – und schüttet es dann in den Fluss. Niemand würde bezweifeln, dass das in den Fluss geschüttete Wasser noch da ist, erklärt sie dem Jungen. Nur es ist nicht mehr in der Form da, die es im Glas angenommen hatte.

Ich kenne auch das Argument, an den Erkrankungen des Gehirns sehe man doch eindeutig, dass im Kopf nichts anderes stecke als Materie, die mal besser funktioniert und mal schlechter. »Schau dir den jungen Mann an, der im Wachkoma liegt, oder die alte Frau, die an Alzheimer leidet – wo ist da die Seele?«, lautet die Frage der »Alles nur Chemie«-Anhänger.

Doch auch hier kann ich nur sagen: Das Bewusstsein und das *Ich* solcher schwerkranker Menschen ist sicherlich *anders* als früher. Ihr Bewusstsein und ihr *Ich* haben sich aber keineswegs in ein Nichts aufgelöst. Wie sie als Menschen noch da sind, so ist auch ihre *Seele* noch da. Ich habe vor Kurzem ein Interview mit einem Pfarrer gehört, der meinte, es sei zweifellos so, dass auch schwer Demenzkranke Momente des Glücks erleben – wenn vielleicht auch nur kurze Momente.

Der Pfarrer wählte folgendes Bild, bei dem es wiederum um Flüssigkeiten in Gläsern geht: Man könne natürlich den geistig voll leistungsfähigen Menschen wie ein Glas Wasser betrachten, das randvoll gefüllt ist. Jemand, der an Demenz leidet, wäre vielleicht in der Tat wie ein Glas, bei dem nur noch ein paar Tropfen auf dem Boden schwappen. Bei einem Glas gutem Wein allerdings (oder für Antialkoholiker: auch bei einem herrlichen Fruchtsaft) würde kaum jemand so eine Betrachtung wählen. Da würde man sagen, dass in jedem einzelnen Tropfen der ganze Geschmack stecke – egal wie voll oder leer das Glas gerade ist.

Schön und gut, sagen hier die »Alles nur Chemie«-Anhänger – und fragen dann aus der anderen Richtung: Ab wann beginnt denn dann der Mensch, beseelt zu sein? Wenn Eizelle und Samenzelle verschmelzen? Wenn der Embryo zwei Wochen alt ist, drei Monate alt ist? Wenn das Kleinkind seine ersten Worte spricht? Und in die Geschichte zurückgeblickt, fragen sie: Ab wann hatte der Mensch denn eine Seele? Hatten unsere äffischen Vorfahren vor zehn Millionen Jahren schon eine? Oder die Steinzeitmenschen vor 100 000 Jahren? Oder erst die Menschen, von denen die Bibel berichtet, die vor ein paar tausend Jahren lebten?

Hier würde ich sagen: Sicherlich hat tatsächlich alles einen Hauch von Seele – so wie es ja auch die meisten Religionen durchaus lehren: Ein Geschöpf hat etwas Besonderes allein schon dadurch, dass es existiert. Der Mensch allerdings ist meiner Ansicht nach ohne Zweifel ein ganz besonderes Geschöpf. Denn er ist offensichtlich das einzige Wesen, das sich über Fragen nach der Ewigkeit und nach einer Seele überhaupt Gedanken machen kann. Angst oder Aggression verspüren sicher auch Tiere – aber ich bestreite, dass sie Mitgefühl oder eben auch religiöse Gefühle kennen. Und sie philosophieren nicht über ihr *Ich*, das durch die Ewigkeit treibt, so wie es der Mensch tut.

Bei allen biologischen Ähnlichkeiten, die wir mit Schimpansen oder Gorillas haben: Selbst die Begabtesten von ihnen kämen nicht mit, wenn ich ihnen diesen Text hier vorlesen würde. Ein einjähriges Menschenkind käme zwar auch nicht mit – aber es hat in sich die Möglichkeit, in einigen Jahren einmal über diesen Text nachzudenken. Das ist das, was das Menschenkind vom Affen unterscheidet:

Der Affe bleibt vom Philosophieren oder vom Streben nach religiösen Erfahrungen einfach ausgeschlossen, für immer.

Ich sehe hier auch keinen Widerspruch zu den Erkenntnissen der Naturwissenschaft. Ich zweifle nicht an dem, was Biologen und Paläontologen über die Evolution berichten. Ich würde nur sagen: Die Evolution ist ja offenbar stets im Fluss, seit vielen Millionen Jahren – und auch in den nächsten Millionen Jahren. Der Mensch ist also noch nicht fertig. Sein Gehirn ist folglich auch noch nicht fertig.

Wir sind also einfach noch nicht so weit, all die Fragen über den Sinn des Lebens beantworten zu können, die uns dauernd kommen. Oder in der Sprache der christlichen Überlieferung ausgedrückt: Wir sind erst am sechsten Tag der Schöpfung. Gott hat meiner Ansicht nach gerade mal angefangen, in den Lehm, aus dem er den Menschen gemacht hat, seinen Geist hineinzublasen.

Ich denke also, dass die Welt – und in dieser Welt der Mensch – aus mehr besteht als aus Materie, die sich experimentell untersuchen lässt. Ich denke, dass es noch andere Kräfte gibt als die Naturgesetze. Ich finde auch, dass diese Sicht ein paar Probleme löst, die sich aufwerfen, wenn man alles als »nur Chemie« betrachtet.

Wer glaubt, dass die Evolution alles erklärt, müsste folgende Frage beantworten: Wo strebt sie denn eigentlich hin, die Evolution? Viele Anhänger der »Alles nur Chemie«-These unterstellen meiner Ansicht nach der Evolution einen eigenen Antrieb und eine innere Kraft, die aus der Evolution eine Art Gottheit werden lässt – eine blinde und gewalttätige Gottheit allerdings.

Außerdem wirft das pure Evolutionsdenken auch folgende Frage auf: Warum soll man eigentlich nicht alle Behinderten und schwerkranken Menschen umbringen? Zum evolutionären Fortschritt der Menschheit tragen sie ja nichts bei. Und warum sollen die Klugen, Gerissenen und Starken denn eigentlich nicht die Schwachen und Dümmeren versklaven?

Es ist zwar in der Menschheitsgeschichte immer wieder genau das geschehen: »Vernichtung lebensunwerten Lebens«, wie es die Nationalsozialisten genannt haben, und Unterdrückung, wie sie alle undemokratischen Herrschaftsformen aller Zeiten kannten. Doch inzwischen gibt es unter sämtlichen Menschen, die ein wenig nachdenken, Einigkeit, dass das Wege sind, die die Menschheit nicht gehen *darf* und nicht gehen *kann*. Und denkende, zivilisierte Menschen kommen zu diesem Ergebnis interessanterweise stets vor allem mit einem Argument: Es verstoße gegen die *Würde* des Menschen, Kranke oder Behinderte zu töten. Es sei *unmoralisch*, andere zu unterdrücken.

Die »Alles nur Chemie«-Anhänger haben zwar auch Untersuchungen angestellt, mit denen sie zeigen, dass soziale Einstellungen und Rücksicht auf andere gut für eine menschliche Gemeinschaft seien. Moralempfinden oder Religiosität seien also vorteilhaft im Wettkampf der Evolution, meinen sie – und sie glauben, dass sie damit die Evolution als hundertprozentige Welterklärung gerettet haben. Moral sei also sozusagen nur der Duft, mit dem die Evolution den Menschen zum Essen lockt, das er braucht, um im Überlebenskampf zu bestehen.

Ich aber bin mit solchen Erklärungen nicht zufrieden. Ich denke, dass Moral, Liebe, Mitgefühl, Trauer, Wut – und auch Sehnsucht nach Ewigkeit so weit losgelöst von einem rein zweckmäßigen und zielgerichteten Handeln sind, dass sie ganz klar als eigene Wahrheiten gelten müssen.

Ich glaube also an eine Beseeltheit des Menschen und seines Gehirns – auch wenn ich nicht an eine abgrenzbare Seele glaube, die beim Sterben aus den Nasenlöchern schlüpft und dann zum Himmel schwebt. Ich glaube auch nicht an Geister – wobei ich nicht widerlegen kann, dass es sie gibt. Das ist ja gerade der Witz am Glauben: Er lässt sich mit naturwissenschaftlichen Argumenten nicht aushebeln. Er muss geglaubt werden. Oder auch nicht.

Ich muss dabei allerdings zugeben, dass ich nicht die geringste Vorstellung habe, was mit meinem *Ich*, mit meinem Bewusstsein, mit meiner *Seele* im Moment des Todes geschehen wird. Aber ich bin ziemlich sicher, dass alles das nicht einfach verpufft. Ich meine damit nicht nur, dass ich in der Erinnerung meiner Freunde und meiner Familie weiterleben werde. Ich bin ziemlich sicher, dass da noch etwas ist – das sich leider einer vernunftmäßigen Beschreibung völlig entzieht.

Bleibt noch die Frage, was denn *vorher* mit mir war? Auch hier muss ich sagen: Ich weiß es schlicht nicht. Als mein Sohn mich ab seinem vierten Lebensjahr immer mal wieder gefragt hat, wo er denn vor seiner Geburt war, habe ich stets geantwortet: »Du warst ein Gedanke Gottes.« Auch ich selbst versuche mit dieser Antwort zufrieden zu sein. Doch ich muss zugeben, dass es mir schwerfällt.

Aber auch hier zeigt sich eben das Grundproblem allen Nachdenkens über das *Ich*: Die »Chemie« des Bewusstseins, das ich *jetzt gerade* habe, lässt sich beschreiben, und in diesem Buch unternehmen wir ja einen Versuch dazu. Alles andere, was das Bewusstsein und das *Ich* im Heute,

Gestern, Morgen – in der *Ewigkeit* – betrifft, lässt sich wohl nur er*spüren*. Und was im Moment des Todes mit einem passiert, wird jeder selbst herausfinden müssen. Lassen wir uns überraschen.

Das heißt, ganz möchte ich mich dann doch nicht um die Frage herumdrücken, was danach kommen könnte. Ich hätte da ein interessantes Gedankenspiel. Vielleicht kommt jeder in den Himmel, an den er glaubt? Es ist höchst spannend und auch vergnüglich, das einmal zu durchdenken. Viel Spaß dabei!

## Teil 2
## Jürgen Andrich: Was der zum Arzt ausgebildete Autor dieses Buches zur Frage sagt: Gibt es eine Seele?

Was sagt nun der medizinisch orientierte Autor dieses Buches über die Seele? Was kann jemand über die Seele sagen, der sich an klaren naturwissenschaftlichen und medizinischen Erkenntnissen orientieren muss, um Menschen zu behandeln oder um bei ihnen Krankheiten richtig festzustellen?

Bisher hat ja kein Wissenschaftler die Seele gesehen. Und je nachdem, was man unter »Seele« versteht, ist es sehr fragwürdig, ob sie überhaupt ein Gegenstand der Hirnforschung ist oder sonst irgendeiner anderen körperlichen medizinischen Wissenschaft. Schließlich messen wir mit unserer bisherigen Technik immer nur »psychische« Vorgänge, die ein Ausdruck von Hirnaktivität, eine körperliche Reaktion auf äußere Reize und innere Verarbeitung sind. Aber für wen in uns wird denn eigentlich das Äußere übersetzt in eine »innere Information«? Und wie kann das geschehen, dass wir die Außenwelt sehen, wenn Nervenzellen einfach feuern in irgendeinem Rhythmus? Wie wird denn daraus ein Bild? Ist die Seele so etwas wie die Software in einem Computer und der Körper die Hardware dazu? Aber existiert die Software denn ohne Hardwareträger überhaupt?

Seit Urzeiten beschäftigen sich die Menschen mit dem Thema »Seele«, und genauso lange streiten sich die Theologen, Philosophen und später die Naturwissenschaftler um dieses Thema. Vor allem zwei Gruppen stehen sich seit mehr als 2400 Jahren ganz unversöhnlich gegenüber: Die Dualisten, die annehmen, dass Körper und Geist (oder eben Seele) strikt voneinander getrennt sind und die Seele den Körper beherrscht oder wenigstens unabhängig von ihm überdauern kann. Und die Monisten, die glauben, Körper und Seele sind eins, voneinander untrennbar abhängig, und die Seele wird mit dem Körper zugrunde gehen.

Was meinen wir eigentlich, wenn wir von »Seele« reden? Wir haben alle das Gefühl, dass da in uns drin irgendetwas steckt, das unser »Ich«, oder besser, unser »Selbst« ausmacht. Und dieses »Ich« guckt auch noch von innen aus dem Fenster unserer Augen auf die Welt. Aus seinem Haus heraus, das unser Körper ist. Stimmt natürlich nicht. Es ist ja das Licht, das in unsere Augen fällt und dann zusammen mit allen meinen genetischen und erworbenen Eigenschaften ein Bild von der Welt erzeugt und uns tatsächlich eine Realität vorgaukelt. Die Welt ist ja eigentlich gar nicht so, wie wir sie sehen, sie entsteht im Kopf und sieht wahrscheinlich sogar bei jedem Einzelnen von uns anders aus.

Aber: Wen kümmert's, solange es funktioniert? Also gibt es tatsächlich etwas, was unsere ureigenste »Seele« ausmacht, und das ist in unserem ganzen Körper angesiedelt und liefert dem Gehirn ständig Information und Wahrnehmung. Es ist auch nicht nur körperlich oder nur geistig, sondern enthält von allem etwas: die körperlichen elektrischen und chemischen Vorgänge und den geistigen Gehalt der Information.

Erst in den letzten Jahrzehnten haben sich die Hirnforscher auf diese Fragen gestürzt und eigentlich sogar eine neue wissenschaftliche Richtung begründet, die manche als »Neurophilosophie« bezeichnen. Seitdem rücken sie der Seele ganz schön auf den Leib!

Dabei haben sie gar nicht im Sinn, den religiösen Begriff der unsterblichen Seele zu ergründen oder gar zu widerlegen. Sie beschäftigen sich vielmehr mit der Frage nach dem Bewusstsein und dem »Selbst« des Menschen, das, was ihn persönlich ausmacht und womit er seine eigene Existenz beurteilt und, so gut es geht, erhält. Diese modernen Forscher sind ihrem Wesen nach Monisten, sie trennen nicht zwischen dem Körperlichen und dem Geistigen. Ihre bekanntesten Vertreter sind der Mitentdecker der Erbinformation in der DNA-Doppelhelix Francis Crick, der deutsche Neuroforscher Gerhard Roth und vor allem der amerikanische Neurobiologe Antonio Damasio. Letzterer hat ein sehr komplexes Bild von Bewusstsein und Selbst entworfen, das viele aber für die derzeit beste Antwort auf die Frage nach dem eigentlichen menschlichen »Wesen« halten.

Sein Ausgangspunkt ist die Erforschung von Emotionen und Gefühlen – Eigenschaften, die in der Wissenschaft vom Menschen lange zugunsten des Verstands und der Vernunft vernachlässigt wurden. Damasio verbindet den Begriff der Emotion mit dem des Bewusstseins und des Selbst. Für ihn gibt es ein »Kernbewusstsein«, das sich ohne Gedächtnis nur in diesem jetzigen Augenblick und an diesem jeweiligen Ort mit der Welt und ihren Objekten auseinandersetzt. Wir wissen, wenn wir gesund sind, ja eigentlich immer ziemlich genau, dass wir jetzt und hier wir selbst sind. Dieses Bewusstsein können beispielsweise auch Tiere besitzen.

Und dann gibt es das »erweiterte Bewusstsein«, das nur beim Menschen zu finden ist. Es besitzt ein Gedächtnis und verbindet die genetischen Anlagen und spezifischen Erfahrungen des Individuums mit den Informationen aus der Umwelt. Und eine Art Unterform dieses Bewusstseins ist das Selbst, das als »Kernselbst« nur im jeweiligen Moment und am jeweiligen Ort existiert und immer neu geschaffen wird, aber auf der anderen Seite als beständiges persönliches »erweitertes« Selbst mit allen Erfahrungen und Eigenschaften besteht. Das Besondere beim Menschen, das, was sein Bewusstsein ausmacht, ist eine im Lauf der menschlichen Evolution entstandene Verbindung zwischen diesen Eigenschaften. Diese Verbindung dient dazu, unsere Körperfunktionen in Einklang zu bringen mit der Wahrnehmung dessen, was außen und auch innen in unserem Körper geschieht, um unser Dasein möglichst günstig in dieser Welt zu erhalten. Denn das ist tatsächlich ihr eigentlicher Zweck.

Klingt natürlich ziemlich kompliziert und wird sicher die nicht befriedigen, die an eine unsterbliche Seele glauben. Eine, die nicht einfach wieder verschwunden sein kann, wenn ich einmal sterbe. Schließlich weiß ich ja, dass das unweigerlich mit mir passieren wird. Der Neurobiologe würde sicher sagen: Auch dieser Glaube, den die meisten von uns nur schwer ablegen können, ist eine Entwicklung der Evolution, die für die Aufrechterhaltung des Organismus wichtig sein kann. Aber vielleicht kann dieser Begriff von Seele ja gar nicht von den Neurowissenschaftlern beurteilt werden.

Vielleicht sollte die Seele besser von Sozialforschern oder Sprachwissenschaftlern ergründet werden, denn möglicherweise ist die Seele eines einzelnen Menschen etwas, das nur in der Auseinandersetzung mit anderen entsteht. So eine Art Kommunikation, die Wahrnehmung des eigenen Selbst und des anderen. Das »Ich« existiert am Ende ja nur, weil es auch ein »Du« gibt. Dann wäre die Seele auf ihre ganz eigene Art weniger sterblich als der Körper, nämlich so lange, wie jemand sich noch an den Verstorbenen erinnert. Das heißt, dass wir alle irgendwann verschwinden werden. Es sei denn, wir sind Goethe oder Cäsar.

Was aber ist, wenn eines Tages ein Hirnforscher, der selbst im Sterben liegt, auf die Idee kommt, sich in ein technisch unglaublich ausgereiftes funktionelles Kernspintomographiegerät zu legen und seinen Assistenten sagt, sie sollen ihn beim Sterben beobachten. Und was ist dann, wenn im Augenblick seines Todes tatsächlich irgendeine Aktivität, womöglich sogar leicht außerhalb seines Körpers, gemessen werden kann. Hätten wir dann die Seele nachgewiesen? Hätten wir dann nachgewiesen, dass die Seele ein körperlicher, elektrischer oder chemischer Vorgang ist? Und damit dem Körperlichen »untertan« und nicht das Körperliche »beherrschend«?

Die Konsequenz wäre, dass sofort jemand aufstehen und sagen würde: »Ihr habt ja gar nicht die Seele gemessen, sondern irgendeinen psychologischen Vorgang oder irgendeine Spannung.«

Die Wissenschaft hat der Religion viele Ansichten und sogar Grundsätze weggenommen. Aber eine so wichtige Grundlage wie den reinen Glauben an die Seele wegzunehmen, das würde alle Religionen erschüttern. Selbst wenn es den Forschern gelingen sollte, würde es viele Menschen geben, die sich mit Händen und Füßen oder sogar mit ganz anderen Methoden dagegen wehren.

Die Frage ist also eigentlich, ob die Naturwissenschaft tatsächlich solche religiösen Phänomene erklären kann oder überhaupt sollte. Aber das Interesse des Menschen, seine eigene Natur aufzuklären, ist heute noch genauso groß, wie es schon immer war. Und alle Forschung, die gemacht werden kann, wird auch eines Tages getan werden. Ebenso wie alle Ergebnisse von Forschungen irgendwann angewandt werden, egal wie das Ergebnis am Ende aussieht. Der Mensch ist einfach zu ehrgeizig und zu neugierig, um Gedanken nicht zu denken oder auszuführen. Auch das ist ein Teil seiner Seele.

Es ist im Moment noch nicht abzusehen, ob die Hirnforschung die Seele wirklich erkennen wird und ob das, was sie erkennt, dann auch wirklich die Seele ist. Zweifellos wird sie sich in den nächsten Jahren und Jahrzehnten darum bemühen. Wenn die Seele ein körperlicher Vorgang ist, stehen die Chancen (oder das Risiko) für die Erkenntnis gut, und wir müssen sehen, was wir dann damit anfangen.

Wir dürfen also gespannt sein.

# AUSGEWÄHLTE LITERATUR

Bauer, Joachim: Warum ich fühle, was du fühlst. Intuitive Kommunikation und das Geheimnis der Spiegelneurone. Hamburg: Hoffmann und Campe ⁴2005.

Crick, Francis: Was die Seele wirklich ist. Die naturwissenschaftliche Erforschung des Bewußtseins. München: Artemis und Winkler 1994.

Damasio, Antonio R.: Ich fühle, also bin ich. Die Entschlüsselung des Bewusstseins. Berlin: List 2000.

Damasio, Antonio R.: Descartes' Irrtum. Fühlen, Denken und das menschliche Gehirn. Berlin: List ⁴2006.

Deutsche Stiftung Organtransplantation (Hg.): Kein Weg zurück. Informationen zum Hirntod. Neu-Isenburg: Deutsche Stiftung Organtransplantation ³2005.

Eibach, Ulrich: Gott im Gehirn? Ich – eine Illusion? Wuppertal: R. Brockhaus 2006.

Eliot, Lise: Was geht da drinnen vor? Berlin: Berlin Verlag 2001.

Fietze, Ingo; Herold, Thea: Der Schlafquotient. Hamburg: Hoffmann und Campe 2006.

Geyer, Christian (Hg.): Hirnforschung und Willensfreiheit. Zur Deutung der neuesten Experimente. Frankfurt am Main: Suhrkamp 2004.

Gregory, Richard L.: Auge und Gehirn: Psychologie des Sehens. Reinbek: Rowohlt 2001.

Howe, Michael J. A.: Fragments of genius: The strange feats of idiots savants. London/New York: Routledge 1989.

Hüther, Gerald: Bedienungsanleitung für ein menschliches Gehirn. Göttingen: Vandenhoeck & Ruprecht [5]2005.

Iversen, Leslie: Drogen und Medikamente. Geschichte, Herstellung, Wirkung. Stuttgart: Reclam 2004.

Kandel, Eric: Auf der Suche nach dem Gedächtnis. München: Siedler 2006.

Libet, Benjamin: Mind Time. Wie das Gehirn Bewusstsein produziert. Frankfurt am Main: Suhrkamp 2005.

Popper, Karl R.; Eccles, John C.: Das Ich und sein Gehirn. München: Piper [6]1987.

Ramachandran, Vilayanur: Eine kurze Reise durch Geist und Gehirn. Reinbek: Rowohlt 2005.

Roth, Gerhard: Das Gehirn und seine Wirklichkeit. Kognitive Neurobiologie und ihre philosophischen Konsequenzen. Frankfurt am Main: Suhrkamp 1997.

Roth, Gerhard: Fühlen, Denken, Handeln. Wie das Gehirn unser Verhalten steuert. Frankfurt am Main: Suhrkamp 2003.

Schlake, Hans-Peter; Roosen, Klaus: Der Hirntod als der Tod des Menschen. Neu-Isenburg: Deutsche Stiftung Organtransplantation 1995.

Singer, Wolf: Ein neues Menschenbild? Frankfurt am Main: Suhrkamp 2003.

Spitzer, Manfred: Geist im Netz. Modelle für Lernen, Denken und Handeln. Heidelberg/Berlin: Spektrum 2000.

Spitzer, Manfred: Vom Sinn des Lebens. Wege statt Werke. Stuttgart: Schattauer 2007.

Stern, Daniel N.: Tagebuch eines Babys. München: Piper [7]1999.

Strauch, Barbara: Warum sie so seltsam sind. Gehirnentwicklung bei Teenagern. Berlin: Berlin Verlag 2003.

Treffert, Darold A.: Extraordinary People. Understanding »Idiots Savants«. New York: Harper & Row 1989.

Welzer, Harald; Markowitsch, Hans J. (Hg.): Warum Menschen sich erinnern können. Fortschritte der interdisziplinären Gedächtnisforschung. Stuttgart: Klett-Cotta 2006.

Wiegand, Michael H.; von Spreti, Flora; Förstl, Hans (Hg.): Schlaf & Traum. Stuttgart: Schattauer 2006.

# DANKSAGUNG

Unser Dank gilt Carsten, Hatice und Dieter für die nachsichtige Durchsicht des Manuskripts – alle Unrichtigkeiten, die der Text möglicherweise dennoch enthält, fallen aber natürlich voll und ganz in die Verantwortung der Autoren.

Bedanken möchten wir uns bei Prof. Köster für die Überlassung der MRT-Bilder (Radiologie St. Josef-Hospital Ruhr-Universität Bochum). Und besonderer Dank schließlich auch an Peter und Bas.

Unser Dank geht nicht zuletzt an unsere Literaturagenten Ulrich Pöppl und Uwe-Michael Gutzschhahn. Letzterem ganz besonderer Dank für seine konstruktive Begleitung beim Abfassen des Textes!

# REGISTER

# BILDNACHWEIS

S. 16: Wisconsin Medical Society, Madison (Wisconsin)

S. 18: The Stephen Wiltshire Gallery, London

S. 23, 117, 149, 156, 179, 201: Ullstein Bild, Berlin

S. 25, 27: AKG-Images, Berlin

S. 30, 41: Prof. Odo Köster, Radiologie St. Josef-Hospital, Ruhr-Universität Bochum

S. 32: Neggers, S. F. W. et al: TMS pulses on the frontal eye fields break coupling between visuospatial attention and eye movements, in: Journal of Neurophysiology, 8/2007.

S. 37, 50: Eliot, Lise: Was geht da drinnen vor? Berlin 2001, S. 284 und 28

S. 47, 52, Vor- und Nachsatz: Peter Palm, Berlin

S. 58: The Bridgeman Art Library, Berlin

S. 64: Manfred Spitzer: Geist im Netz. Heidelberg/Berlin 2000, S. 138

S. 85: University of Connecticut, Department of Anthropology (www.anth.uconn.edu/ faculty/boster/emotions/), Storrs (Connecticut)

S. 98: Goscinny; Uderzo: Asterix als Legionär. Stuttgart 1990, S. 11

S. 113, 114: The Library of Congress (memory.loc.gov), Washington

S. 133: Dr. Jürgen Andrich, Radiologie St. Josef-Hospital, Ruhr-Universität Bochum

S. 136: Deutsche Parkinson Vereinigung e. V., Neuss

S. 141: Cleveland Clinic, Cleveland (Ohio)

S. 159, 173: Wiegand, Michael H.; von Spreti, Flora; Förstl, Hans (Hg.): Schlaf & Traum. Stuttgart 2006, S. 237 und 205

S. 224/225: Schlake, Hans-Peter; Roosen, Klaus: Der Hirntod als der Tod des Menschen. Neu-Isenburg: Deutsche Stiftung Organtransplantation 1995, S. 41

Christian Weymayr / Helge Ritter

# Roboter
## Was unsere Helfer von morgen heute schon können

Roboter können vieles. Sie schuften als präzise Fabrikarbeiter, sie schlagen die größten Schachgenies und spielen Fußball, sie unterstützen Ärzte, sie erkunden das Weltall und die Ozeane. Im Kino und in Büchern sind Roboter mächtige Zerstörer oder auch liebevolle Beschützer. Im Alltag dienen sie uns als unermüdliche Helfer. Und in der Forschung sind sie spannende Untersuchungsobjekte, die uns auch viel darüber verraten, was es heißt, ein Mensch zu sein. Die Roboter von morgen werden intelligent sein, sie werden sprechen können, Aufgaben selbständig bewältigen und lernfähig sein. Unser Leben wird sich mit Robotern ganz sicher verändern. Aber wie?

»Erfrischend unbekümmert belegen Christian Weymayr und Helge Ritter in ihrem Buch: Roboter sind allgegenwärtig, und es wäre müßig, über Sinn und Nutzen zu lamentieren.« *Deutschlandradio*

ISBN 978-3-8270-5360-2
224 Seiten
mit ca. 130 Farbabbildungen

Bloomsbury
Kinderbücher & Jugendbücher